機械系 教科書シリー

計測工学（改訂版）

—新 SI 対応—

工学博士 前田 良昭
工学博士 木村 一郎 共著
工学博士 押田 至啓

コロナ社

刊行のことば

大学・高専の機械系のカリキュラムは，時代の変化に伴い以前とはずいぶん変わってきました。

一番大きな理由は，機械工学がその裾野を他分野に広げていく中で境界領域に属する学問分野が急速に進展してきたという事情にあります。例えば，電子技術，情報技術，各種センサ類を組み込んだ自動工作機械，ロボットなど，この間のめざましい発展が現在の機械工学の基盤の一つになっています。また，エネルギー・資源の開発とともに，省エネルギーの徹底化が緊急の課題となっています。最近では新たに地球環境保全の問題が大きくクローズアップされ，機械工学もこれを従来にも増して精神的支柱にしなければならない時代になってきました。

このように学ぶべき内容が増えているにもかかわらず，他方では「ゆとりある教育」が叫ばれ，高専のみならず大学においても卒業までに修得すべき単位数が減ってきているのが現状です。

私は 1968 年に高専に赴任し，現在まで三十数年間教育現場に携わってまいりました。当初に比べて最近では機械工学を専攻しようとする学生の目的意識と力がじつにさまざまであることを痛感しております。こうした事情は，大学をはじめとする高等教育機関においても共通するのではないかと思います。

修得すべき内容が増える一方で単位数の削減と多様化する学生に対応できるように，「機械系教科書シリーズ」を以下の編集方針のもとで発刊することに致しました。

1.　機械工学の現分野を広く網羅し，シリーズの書目を現行のカリキュラムに則った構成にする。
2.　各書目においては基礎的な事項を精選し，図・表などを多用し，わかりやすい教科書作りを心がける。

3. 執筆者は現場の先生方を中心とし，演習問題には詳しい解答を付け自習も可能なように配慮する。

現場の先生方を中心とした手作りの教科書として，本シリーズを高専はもとより，大学，短大，専門学校などで機械工学を志す方々に広くご活用いただけることを願っています。

最後になりましたが，本シリーズの企画段階からご協力いただいた，平井三友 幹事，阪部俊也，丸茂榮佑，青木繁の各委員および執筆を快く引き受けていただいた各執筆者の方々に心から感謝の意を表します。

2000年1月

編集委員長　木本　恭司

ま　え　が　き

急速に進む技術革新の時代にあって，日夜新しい計測手法，機器，システムが研究され，開発されている。換言すれば新しい測定技術，機器，システムが現代のハイテク技術を支えているともいえる。21 世紀は情報技術の時代と予想されているが，計測にかかわる者としては同時に計測技術の時代と考えたい。21 世紀の技術者には情報技術とともに計測技術がこれまで以上に必須のエンジニアリングバックグラウンドとなるにちがいない。

本書は，おもに高等専門学校（高専）および技術系の短期大学，大学で学ぶ機械系学生を対象として今回新たに執筆したものであるが，上記の視点からすべての分野の技術者にも共通的技術入門書として利用できるよう意図した。

計測工学とは，測定技術を基礎とし設定された工業目的を達成するために行われる総合的（システム的）技術の体系であり，機械，電気・電子，化学，…といった分野を縦糸とするなら，これらを横断的につなぎ，編み上げる横糸的体系である。それゆえ，そのバックグラウンドは科学・工学の諸分野に広範に広がっている。

３名の著者は，ともに学生として計測工学を専攻し，その後長く教育・研究の面で計測工学に携わってきたが，しばしば「計測工学がシステム的技術体系でありながらシステム化し難い技術分野である」と感じてきた。かつて，筆者（前田）は，ある研究論文の結言に，「さて，本研究で検討に多様性をもたせた理由の一つは，共通する問題点を把握し，体系的な結論を得るためであった。しかし，この試みは逆に計測技術が個々の測定対象およびその環境条件に密着して，非常に各個性が強く，体系化の難しい問題であることを再認識させる。」と書いたことがあるが，今回の執筆にあたっても同じ思いを感じている。

広範なバックグラウンドを体系的に整理することの難しさ，また基本的に個別性の高い個々の計測システムから一般性を得ることの難しさを克服して，い

かに「役に立つ入門書」を書くかを私たちなりに模索し，つぎのような指針のもとで原稿作成を進めた。すなわち，全章を通じて

1）　計測工学をシステム的技術の体系としてとらえ，情報の獲得と操作という視点で重視する。

2）　制御を目的とする計測技術を中心に解説する。

3）　計測機器の各論的紹介を避け，できるだけ応用分野の広い基礎測定技術や原理を体系的に解説する。

こととした。

また，現在では大多数の計測機器が電気信号の形で情報操作を行っているとの視点から，*4* 章では基本的な信号処理のための電子回路の解説にもページ数を割いた。

なお，執筆にあたっては，できるだけ抵抗感なく読み進められるよう「読みやすい文体」で書くことにも十分留意した。おもに *1*～*3* 章を前田が，*4* 章を押田が，*5* 章を木村が，*6* 章の各節を３名がそれぞれ執筆したが，著者による文体の差異が生じないよう前田が最終的に原稿の調整も行った。

本書が，一人でも多くの技術系学生や技術者の方々に，工学基礎としての「計測工学」を学ぶ手がかりとなれば，筆者としてこんなに嬉しいことはない。

執筆を終えるにあたり，執筆の機会を与えていただいた「機械系　教科書シリーズ編集委員会」，また発刊に向けて多大のご援助をいただいたコロナ社に心からお礼申し上げる。また，執筆開始から発刊の際には是非，恩師故米持政忠神戸大学名誉教授にご批判を仰ぎたいと思っていたが，先生の急逝により果たせぬこととなった。謹んでご霊前に本書を捧げたい。

2001 年 1 月　　　　前田　良昭

改訂版（新 SI 対応）にあたって

2019 年 5 月に国際単位系（SI）の基本単位の大幅な定義改定が実施され，SI 基本単位はすべて基礎物理定数によって定義されることになった。改訂版では，該当する内容を書き直し，新 SI 対応とした。

2020 年 7 月　　　　著　　者

目　　　次

1. 計測とその目的

1.1 科学・技術と測定 ……1
1.2 計 測 工 学 と は ……3
1.3 計測機器の利用形態 ……5
1.3.1 工業プロセスや操作の監視 ……6
1.3.2 工業プロセスや操作の制御 ……6
1.3.3 実験的工学解析 ……8
1.4 本 書 の 目 的 ……9

2. 計 測 の 基 礎

2.1 単 位 と 標 準 ……11
2.1.1 SIの基本単位とその標準 ……12
2.1.2 物理量間の演算と次元，次元式 ……21
2.2 測定の基本的手法 ……22
2.2.1 直接測定と間接測定 ……23
2.2.2 絶対測定と比較測定 ……24
2.2.3 偏位法と零位法 ……24
2.3 計測の計画と実施―計測システム計画― ……26

3. 計測データとその処理

3.1 測 定 誤 差 ……30
3.1.1 誤 差 の 原 因 ……31
3.1.2 測定値の統計的分布 ……32

3.1.3　誤差の回避・低減 …… 33
3.1.4　偶然誤差の性質と正規分布 …… 34
3.2　測 定 精 度 …… 37
3.2.1　正確さと精密さ …… 37
3.2.2　計測機器の確度 …… 37
3.3　測定データの統計的処理 …… 39
3.3.1　有 効 数 字 …… 39
3.3.2　算 術 平 均 …… 40
3.3.3　誤 差 の 伝 播 …… 43
3.3.4　最 小 二 乗 法 …… 46
演 習 問 題 …… 52

4.　計測システムとシステム解析

4.1　計測システムの基本構成 …… 54
4.1.1　情 報 源 …… 55
4.1.2　検 出 部 …… 55
4.1.3　信 号 処 理 部 …… 56
4.1.4　表 示 部 …… 56
4.1.5　制 御 装 置 …… 56
4.1.6　信 号 伝 送 …… 56
4.2　計測システムにおける信号変換 …… 58
4.2.1　アナログ信号とディジタル信号 …… 58
4.2.2　アナログ信号処理 …… 59
4.2.3　ディジタル信号処理 …… 71
4.2.4　信号の表示と記録，記憶 …… 95
4.3　計測システムの特性とシステム解析 …… 99
4.3.1　静 特 性 …… 99
4.3.2　動特性とシステム解析 …… 102
演 習 問 題 …… 106

5.　信号変換の方式とセンサ

5.1　機械式センサ ……107
5.1.1　機械的拡大 ……107
5.1.2　弾性変形 ……110
5.1.3　サイズモ系 ……113
5.1.4　ジャイロ効果 ……117
5.2　電気電子式センサ ……119
5.2.1　抵抗変化 ……119
5.2.2　容量変化 ……127
5.2.3　電磁誘導 ……130
5.2.4　圧電効果 ……135
5.2.5　ゼーベック効果 ……137
5.3　流体式センサ ……139
5.3.1　流体静力学 ……139
5.3.2　ベルヌーイの定理 ……140
5.3.3　カルマン渦 ……147
5.4　光学式センサ ……148
5.4.1　光学的拡大 ……148
5.4.2　光干渉 ……151
5.4.3　モアレ法 ……155
5.5　その他の方式 ……157
5.5.1　ドップラー効果 ……157
5.5.2　波動の伝搬 ……158
5.5.3　相関法 ……161
演習問題 ……165

6.　計測技術の開発と応用—筆者の研究事例から—

6.1　ディジタル画像処理を用いた切削工具刃先形状の測定 ……166
6.1.1　二次元すくい面画像による工具刃先状態の測定 ……167

6.1.2　測定システムの構成 ……170
6.1.3　データ処理の手順 ……171
6.1.4　試作システムの性能と応用性 ……176
6.2　温度場と速度場の可視化情報計測 ……178
6.2.1　感 温 液 晶 法 ……179
6.2.2　可 視 化 実 験 ……179
6.2.3　温 度 場 の 計 測 ……180
6.2.4　速度ベクトル場の計測 ……183
6.2.5　二次元自然対流への適用 ……184
6.2.6　三次元温度・速度計測 ……185
6.3　スペックルシアリング干渉法によるたわみ勾配の測定 ……189
6.3.1　位相シフトスペックルシアリング干渉法 ……189
6.3.2　位相シフトスペックル干渉法の精度 ……193
6.3.3　位相シフト誤差の補正 ……195

引用・参考文献 ……198

演 習 問 題 解 答 ……201

索　　　引 ……204

1

計測とその目的

本章では，以後の学習を容易にするため，まず歴史的な考察を含めて工学的な「計測」の意味と意義を明らかにするとともに，本書のねらい（執筆方針）について述べる。

1.1 科学・技術と測定

測定（測る）という言葉の定義や概念は次節に譲るとして，本書を読まれる方はだれでも測る（観測する）ということが自然科学の分野では重要なこと，あるいは不可分なことを認識されていると思う。

本書を執筆するにあたって，まずこの点から科学技術史を眺めてみた。湯浅光朝著『解説　科学文化史年表』（中央公論社，1950）[1)†] によれば，科学の端緒はギリシャ植民地のイオニア諸都市の一つ，ミレトス市のタレス（BC 624～546）によって開かれたとあるが，すでに BC 4000 年ごろからエジプトやバビロニアなどで史学者が「擬科学」と名付けた「天文学」，「数学」，「医学」，「化学」などの実学（技術）が芽生えていたといわれている。これらが精密な天体観測や人体観察，実験などによっていたことは想像に難くない。すなわち，この当時からわれわれは「測ることによって知識・技術を得ていた」のである。

また，ギリシャ科学（古代科学）の最大の代表者であるアリストテレス（BC 384～322）は科学的自然認識を初めて確立した人として特記されるが，

† 肩付番号は巻末の引用・参考文献番号を示す。

「観察を伴わぬ自然科学的理論は空虚である」と述べている。この実証主義的自然科学観の確立によって，科学と測る（観測する）ことは不可分の関係となったと考えられる。

時代を経て，15 世紀末から 16 世紀にかけて近代科学精神がぼっ興する。近代技術・科学の先駆者と位置付けられる，レオナルド・ダ・ビンチ（1452〜1519）の広範な業績は彼が「知識とは事実の集成であり，それは合理的方法（実験観察）で真実なり存在なりが確証できる」という科学的探求法を把握していたことを物語っている。17 世紀は「天才の時代」と呼ばれるが，ガリレイ（1564〜1642），ケプラー（1571〜1630），パスカル（1623〜1662），ニュートン（1642〜1727）などが近代科学の方法を確立したといわれる。ニュートンが万有引力の法則を発見したきっかけとされる「りんご」の逸話は，観測（測定）することが科学の基礎であることを物語っている。忘れてならないことは，この時代に望遠鏡，顕微鏡，温度計，気圧計，振り子時計といった多くの新しい「測定機器」が開発されたことである。これらの機器が新しい科学を産み，新しい科学が新しい機器を求めたのであろう。科学と技術が車の両輪となったことを象徴している。ガリレイは「測り得るものは総(すべ)て測り，未(いま)だ測り得ぬものは測り得る如(ごと)くしよう」と言っている。

これに続く 18 世紀は周知のように産業革命の世紀である。新しい科学的方法をバックボーンとして近代技術の時代が始まった。先に名前をあげたパスカルは「人間は考える葦(あし)である」と言ったことでも知られているが，同じく「測ることは経済化することである」との言葉を残している。この言葉に象徴されるように，測定や計測なくして近代技術の進展は語れない。従来の技術と近代技術の相違点を，互換性や品質保証，精度や生産性の向上などにあると考えれば，「測る」ことがどれほど近代技術に寄与しているかがよく理解できるだろう。

1.2 計測工学とは

著者の記憶では，**計測**（instrumentation）あるいは**計測工学**（instrumentation engineering）という言葉が身近で使われるようになったのは，1950年代に入ってからではないかと思う。1956年に国立大学の工学部で初めて神戸大学に計測工学科が誕生している。当時はまだ一般の人には馴染みが薄く「計測工学科とは土木測量の勉強をするところですか」とか，「秤（はかり）の学問ですか」といった誤解も日常的であったようだ。

ときを経て，今日では少なくとも工業技術者の間では「計測」という用語はすっかり定着し，理解されたように思える。書店の工学専門書の棚には「計測」という文字を含む表題の書籍が多数見受けられるし，近年の技術革新はコンピュータ技術の進歩普及とともに計測技術の進歩に負うところが大ともいわれているが，「計測」の意味が果たして正確に理解されているのだろうか。

本書では，この点をまず再確認したうえで，執筆を進めたいと思う。

私たちの周りでは，「計測」という用語と同じような意味を持つ用語がかなり使われている。最も代表的なものが「**測定**（measurement）」であり，そのほか，「計量」，「測量」，「観測」などがある。いずれも「計る」，「測る」，「量る」（それぞれ「はかる」と読む）などの漢字を含む用語で，世間一般ではほとんど大差ない意味で使われているが，技術用語としては少しずつ異なった意味を持って使われている（現実には技術者の間でも混乱して使われている）。

以下はJISの技術用語集[2)]などを参考に，これらの用語の意味を整理したものである。

計測（instrumentation）　なんらかの目的を持って，事物を量的にとらえるための方法・手段を考究し，実施し，その結果を用いること。

測定（measurement）　ある量を，基準として用いる量と比較し，数値または符号を用いて表すこと。

計量　公的に取り決めた標準を基礎とする計測を計量ということがある。

観測（observation）　ある事象を調べるために，事実を認める行為。自然現象については，測定を意味することがある。

測量（surveying）　地球表面上にある各地点間の距離，角度，高低差などを測定し，対象物の位置あるいは形状を定める技術。

以上からわかるように，「測定」（もっと広い意味では「観測」）が最も基本的な行為で，「測量」や「計測」はその応用技術と理解できる。上記の定義に注目すれば，「計測」という行為，技術には，*1*）なんらかの目的があること，*2*）量的にとらえる（測定）手法を検討・実施すること，*3*）その結果を目的のために用いること，が含まれなければならないから，「計測」そのものがプロセス（過程）的であり，システム的概念と考えられる。なんの目的もなしに測定することもめったにないだろうが，ここでの目的はおもに工学的（工業的）なものに限定して用いて差し支えない。さらに，「計測制御」という表現（四文字熟語）がしばしば用いられることから理解できるように，一般には機械や装置の制御を目的とした計測がきわめて多い。周知のように計測を抜きにして制御を実現することは難しい。

図 *1.1* は水タンクの水位を一定に保とうとする試みを示したものである。*1*）目的は水位を一定に保つことである。出水側の負荷変動が生じたとき生じる水位変動を防ぐためには，まず水位変動を知る（測る）必要がある，*2*）基

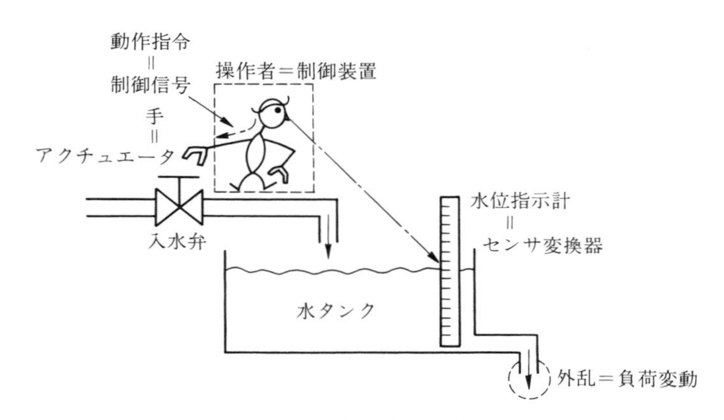

図 *1.1*　水タンクの水位制御

準水位を示す標尺を用いる，さらに細かな目盛を付けた標尺を用いる，浮子式の水位指示計を用いる，…，など適切な手法を検討して水位変動を測定し，つぎに，3）基準水位より増えれば（減れば）入水弁を閉じて（開けて）入水流量を減じ（増し）て基準水位を保つよう操作する。すなわち，得られた結果を設定した目的のために用いている。

また，通常は「測量」の範ちゅうに入る技術も，必要に応じて計測システムの一部に利用されている。例えば，**図 1.2** は船舶や車両の位置制御のために **GPS**（global positioning system，**汎地球測位システム**）を用いたもので，最近では民生用のものが身近で利用されているが，GPS 自体はもともと土木測量に利用された技術から開発されたものである。

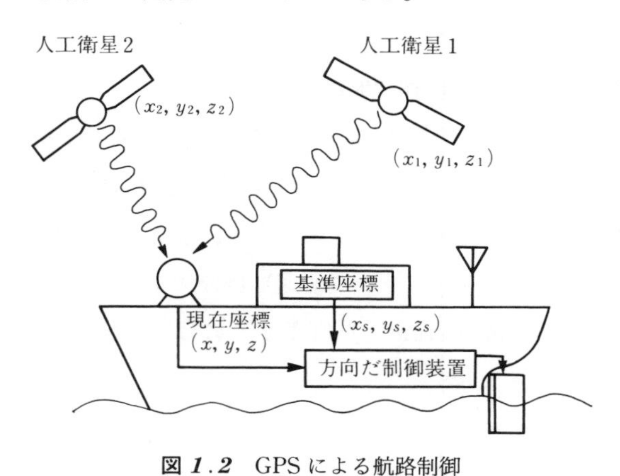

図 1.2　GPS による航路制御

1.3　計測機器の利用形態

前節に示した計測の定義に基づいて，もう少し詳しく計測の「目的」について整理しておこう。

計測機器の利用形態を，ここではつぎの三つに大別してみる。

（1）　工業プロセスや操作の監視。

（2）　工業プロセスや操作の制御。

（3）　実験的工学解析。

1.3.1　工業プロセスや操作の監視

計測機器の利用目的を監視ととらえるものである。工業的な例ではないが，身体測定に用いる身長計や体重計，血圧計などを考えるとよい。これらの機器は単に身体状態を指示監視する目的で使われ，その指示値は通常の意味では制御に利用されるわけではない。生産工場においても，このような利用形態は種々見られる。放射線環境での作業に従事する際に身につける積算被爆量監視用フィルムバッジのほか，災害保全用の火災探知機，温度センサなど，多くの例を思い浮かべることができる。

1.3.2　工業プロセスや操作の制御

先にも述べたように，計測機器の最も重要な（主たる）利用形態で，自動制御システムの構成要素として用いる場合である。**図 *1.3*** は自動制御システムの動作を一般化して示したブロック線図である。前節の例（**図 *1.1***，**図 *1.2***）でも示したように，フィードバック（帰還）操作によって**システム出力**（**制御量**：controlled variable, output）を制御するには，まずその量を測定することが不可欠である。

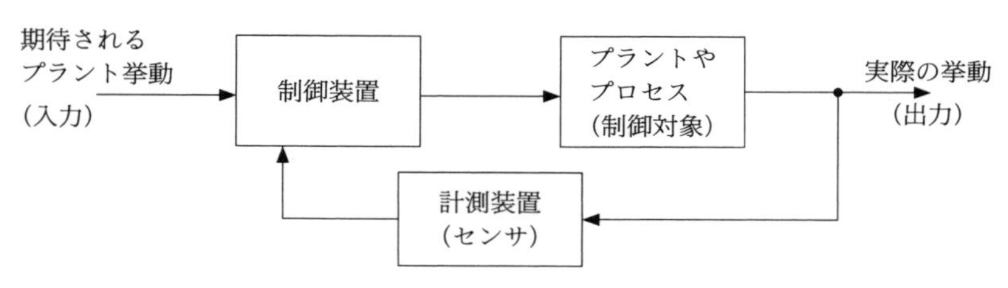

図 *1.3*　自動制御システムの一般的構成

この種の応用例は数えればきりがないが，身近な例として自動炊飯器を考えてみよう。通常，釜の温度を温度測定器で検出し，この情報に基づいて炊飯・保温などの自動操作を行っている。加熱パターンなどはあらかじめプログラム化されていることが多いが，炊きあがりは釜内の水分減少による釜の温度上昇

（水の沸点 100 ℃ を超える）により検知して電源が遮断される[†1]。

さて，古くから私たちは人間もどきの機械の開発を夢見てきたようである。すでに紹介したいくつかの例（自動制御システム）も形は異なるものの，その夢追いの成果とも考えられる。チャペック[†2]の戯曲に登場したロボット（人造人間）―現代でいうヒューマノイド型自律ロボット―も現実のものとなろうとしている。**図 *1.4*** はヒューマノイド型自律ロボットの概念図である。ロボットが自律的に運動するためには周りの環境・状況を把握するための外界センサ（例えば，図中の視覚センサ，触覚センサ，超音波センサ，など）だけではなく，ロボット自身の状況（位置，速度，加速度，姿勢，応力，など）知覚用の内界センサ（例えば，図中の加速度センサ，力センサ，ジャイロセンサ，な

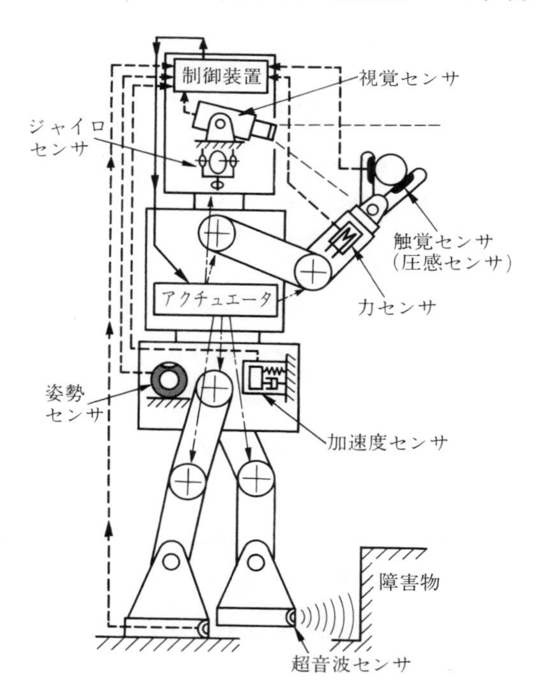

図 *1.4*　ヒューマノイド型自律ロボット

---

†1　温度スイッチと呼ばれている。

†2　カレル・チャペック：チェコの劇作家。1920 年「ロッサム・ユニバーサル・ロボット会社」でロボットという造語を初めて用いた。

ど）が必要になる。

また，**図 *1.5*** は人間と機械の仕組みを計測制御の立場から模式的に示したものである。機械の人間化（自律化，知能化）のためにセンサ（計測機器）がいかに重要な役割を果たしているかが理解できるだろう。

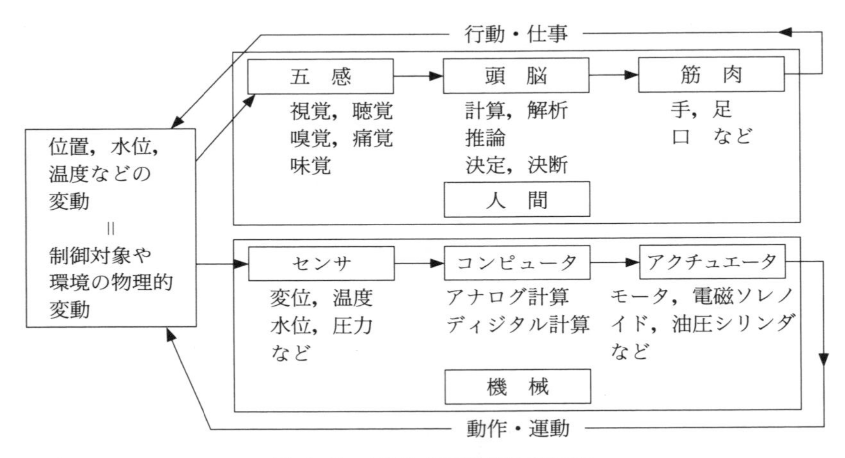

図 *1.5*　人間と機械の機能的比較

1.3.3　実験的工学解析

科学技術的な問題解決のために「測定」が重要な役割を担ってきたことはすでに述べたところであるが，その重要性は現在もなんら変わりがない。現在では，問題解決のために理論的手法と実験的手法が補完的に用いられるのが一般的であるが，利用できる適切な理論が十分でない学識の最先端の問題の場合は実験的な手法に依存するところが大である。

以上，計測機器の利用形態を三つの範ちゅうに分けて概観してみたが，すでに気付かれたかもしれないが，必ずしも利用形態は明確に三つの範ちゅうに分けられるものではなく，多分に利用する者の視点に左右される。例えば，身長，体重，体温，血圧といった身体データは一般人にとってはおもに監視目的で利用される（*1.3.1* 項）が，医師にとっては一種の制御用情報としての意味を持つ† （*1.3.2* 項）。さらに，現在では広域の身体データが集積・解析さ

† 例えば，医療行為により疾患の治療，予防を行うなど。

れて，種々の身体要因などとの関連が明らかにされているが，この立場からいえば身体測定機器は工学解析に利用されていることになる（1.3.3 項)。

すなわち，計測機器の利用形態それ自身より，得られた情報をどのように利用するかという意図と視点こそが重要である。

1.4 本書の目的

急速な技術革新の時代にあって，新しい計測機器，システムが日夜研究され，開発されている。以上の記述から極言すれば，新しい測定技術，機器，システムが現代のハイテクを支えているともいえる。

本書が扱う「計測工学」とは測定技術を基礎として，設定された工業目的(特に制御）を達成するために行われる総合的（システム的）技術の体系で，非常に広範多岐な科学技術分野を基礎とし，また逆にこれらの礎（いしずえ）ともなっている。

その意味で，すべてのエンジニアあるいはエンジニアを目指す人たちには正しい計測工学の基礎知識を身につけて欲しいと思っている。しかし，計測工学が抱える広範なバックグランドが災いして，この分野の体系化は必ずしも進んでいない。この結果，関係書籍の記述も多様な測定法の紹介的（便覧的）な内容になりがちであった。そこで，著者らはまずつぎに示す執筆指針を設定し，応用範囲の広い基礎的技術や原理を中心に「計測の共通的基礎と応用への指針」をできるだけ体系化して記述するよう試みた。

1）計測工学をシステム的技術の体系としてとらえる。設計者にとっても利用者にとっても，情報の獲得と操作という視点が特に重要である。

2）制御を目的とする計測技術（測定技術，センサ，データ解析など）を中心に解説する。

3）計測機器の各論的紹介は避ける。できるだけ応用分野の広い基礎測定技術，原理を体系的に解説する。

コーヒーブレイク

J. ワットと蒸気機関

J. ワット（James Watt）が 1776 年に初めて**蒸気機関**（steam engine）の開発に成功し，これが産業革命の大きな推進役となり，近代工業社会が到来したことはよく知られているところである。

ワットはやかんのふたが沸騰した水の蒸気圧でコトコトと動くことから発想したと伝えられている。しかし，当時あるいはそれ以前からワット以外の多くの人たちも同様の観察から同様のアイディアを得たことは想像に難くない。ではなぜワットだけが歴史に名を残すことになったのか。技術者たちのアイディアの実現を阻んでいたのは気密性の高いシリンダを製作する技術の欠如であった。現にワット自身もなんどかの失敗を経験している。幸運なことに 1775 年に J. Wilkinson によって画期的な工作機械が開発された。有名な Wilkinson の中ぐり盤である。この機械を用いて精度の高いシリンダが製作できたため，ワットは蒸気機関の開発者として歴史に名を残したといっても過言ではない。

また，ワットは蒸気機関の応用に欠くことのできない制御装置の開発者としても有名である。こちらも自動制御装置の先駆けとして技術史にその名を留めている。これが**図 1.6** に示す**遠心調速機**（centrifugal governor）である。この装置では，回転速度センサとして**遊動おもり**（flyweight）の運動に注目している。

回転角速度 ω が変化するとおもりに働く遠心力 F_c（$=mR_i\omega^2$）が変化し，回転速度の増減に伴っておもりの回転半径が増減する身近な事象を工業的に利用したのであるが，ワットは豊かな発想力とともに巧妙な機構を用いてアイディアを具体化する能力に長けていたことをうかがい知ることができる。

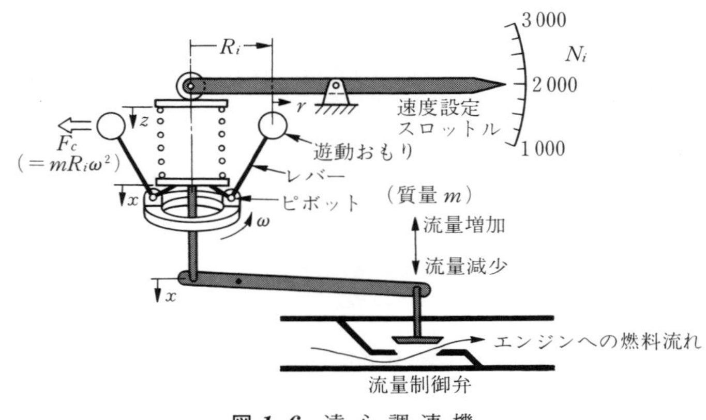

図 1.6　遠心調速機

2

計測の基礎

前章では，歴史的な考察も含めて工学的な「計測」の意味と意義を明らかにし，本書のねらいについて述べた。本章では，計測について学ぶうえで是非知っておきたい基礎的な事柄について整理しておく。

2.1 単位と標準

前章で述べたように，「計測」は「事物を量的にとらえる＝測定する」ことから始まる。そのためには，「測定」の定義「基準として用いる量と比較し，…」から明らかなように「比較の基準」＝「量的にとらえる基準」をまず定める必要がある。

この基準のことを**単位**（unit）と呼んでいる。また，単位またはその倍量，分量の大きさを実際に実現する装置，方法などの手段を総称して**標準**（standard）と呼ぶ。

すなわち，ある物理量を測定するには，まず考察の基礎となる量（例えば，長さや重さ）を定義し，その量を定量的に表現するため適当な分量，倍量を選んで単位（メートル，ニュートンなど）とし，対象とする量がその単位のなん倍であるかを決める。

一般にある量 Q の単位を〔u〕とし，Q がこの単位の m 倍の場合

$$Q=m \quad 〔\mathrm{u}〕 \tag{2.1}$$

と書く。ここで，〔u〕は Q の単位であり，m は測定数値である。

量 Q そのものと量の数値 m とを区別することが重要で，m は単位〔u〕で表

した量 Q の数値を示している。例えば，ある量を k 倍大きい別の単位で表せば，数値は $1/k$ になる。したがって，量の数値 m と単位〔u〕との積は，その単位には無関係である†1。

測定の対象となる量の種類は無限に多く，単位は，いろいろな量に対してそれぞれ独立に，個人的に定めてもよい†2が，地球規模の科学・技術活動のためには世界的な共通基準を持ったほうがよいことはいうまでもない。また，一般に測定の対象となる種々の量はたがいに独立ではなく，科学法則や定義，あるいは工業的な約束によって関係付けられることが多いので，少数のきわめて基本的な量に独立の単位（**基本単位**：base unit，fundamental unit）を定めたほうが普遍的で系統的な基準系（**単位系**：system of unit）を持つことができて有利である。

特に現代では，測定の統一性に対する社会的要請が高い。地球規模で急速に進む産業，経済の国際化，分業化などの傾向は互換性・適応性に対する高度の保証を要求しており，この要求を満たすには生産過程における計測システムが時間的にも空間的にも統一普遍的，コンパティブルな測定値を供給できなければならない。

このように，単位や標準は測定に空間的，時間的な統一性を与える重要なもので，**国際標準化機構**（**ISO**：International Standard Organization）などの国際機関の長年の努力により**国際単位系**†3（**SI**：international system of units）が多くの工業国で使われるようになっている†4。

2.1.1　SIの基本単位とその標準[6)]

表 2.1 に SI の基本単位を，また**表 2.2**，**表 2.3** に同じく**組立単位**（der-

---

†1　ある長さを例にとれば，$L=0.123\,\mathrm{m}=0.123\times10^3\,\mathrm{mm}=0.123\times10^6\,\mu\mathrm{m}$ である。

†2　太閤秀吉の検地でも明らかなように，近世近くまで度量衡の単位は経済域の大きさによって領国単位，村単位でも異なっていた。

†3　1960 年第 11 回国際度量衡総会（CGPM）で採択された。

†4　1985 年の日本工業規格（現 日本産業規格（JIS：Japanese Industrial Standards））においても，SI が全面的に採用された。

表 2.1 SI 基本単位

量	単位の名称	単位記号
長さ	メートル	m
質量	キログラム	kg
時間	秒	s
電流	アンペア	A
熱力学温度	ケルビン	K
物質量	モル	mol
光度	カンデラ	cd

表 2.2 SI 組立単位の代表例

量	単位の名称	単位記号
面積	平方メートル	m^2
体積	立方メートル	m^3
速さ	メートル毎秒	m/s
加速度	メートル毎秒毎秒	m/s^2
波数	毎メートル	m^{-1}
密度	キログラム毎立方メートル	kg/m^3
電流密度	アンペア毎平方メートル	A/m^2
磁界の強さ	アンペア毎メートル	A/m
(物質量の)濃度	モル毎立方メートル	mol/m^3
比体積	立方メートル毎キログラム	m^3/kg
輝度	カンデラ毎平方メートル	cd/m^2

ived unit）を示す。組立単位とは基本単位を用いて導かれる単位である。単位の積の表現には，空白（スペース）と中点（·）の 2 種類がある。また，SI では 10 の整数倍の倍量あるいは分量を表すために**表 2.4** に示す接頭語（prefix）を用いる。なお，単位記号は一般に小文字で表すが，固有名詞から導かれた記号の第 1 文字は大文字を用いる。

これらの単位を具体的に表す「標準」には，経年変化がなく安定で，地域によらずだれでもが容易に実現できて破壊の恐れのないものが選ばれねばならない。すなわち，標準には高度の不変性と再現性が要求される。初期には，**標準器**（standard）と呼ばれる具現装置†が標準として多く用いられたが，2019 年にすべての基本単位に対し，**表 2.5** に示す数値が固定された 7 個の定義定数

† 特に基本単位にかかわるものを**原器**（prototype）と呼ぶ。

表 2.3　固有の名称を持つSI組立単位

量	単位の名称	単位記号	基本単位による表現	他の組立単位による表現
平面角	ラジアン	rad	m/m	
立体角	ステラジアン	sr	m^2/m^2	
周波数	ヘルツ	Hz	s^{-1}	
力	ニュートン	N	kg m s^{-2}	
圧力，応力	パスカル	Pa	kg m^{-1} s^{-2}	
エネルギー，仕事，熱量	ジュール	J	kg m^2 s^{-2}	N m
仕事率，放射束	ワット	W	kg m^2 s^{-3}	J/s
電荷	クーロン	C	A s	
電位差，電圧	ボルト	V	kg m^2 s^{-3} A^{-1}	W/A
静電容量	ファラド	F	kg^{-1} m^{-2} s^4 A^2	C/V
電気抵抗	オーム	Ω	kg m^2 s^{-3} A^{-2}	V/A
コンダクタンス	ジーメンス	S	kg^{-1} m^{-2} s^3 A^2	A/V
磁束	ウェーバ	Wb	kg m^2 s^{-2} A^{-1}	V s
磁束密度	テスラ	T	kg s^{-2} A^{-1}	Wb/m^2
インダクタンス	ヘンリー	H	kg m^2 s^{-2} A^{-2}	Wb/A
セルシウス温度	セルシウス度	℃	K	
光束	ルーメン	lm	cd sr	cd sr
照度	ルクス	lx	cd sr m^{-2}	lm/m^2
放射性核種の放射能	ベクレル	Bq	s^{-1}	
吸収線量，カーマ	グレイ	Gy	m^2 s^{-2}	J/kg
線量当量	シーベルト	Sv	m^2 s^{-2}	J/kg
酵素活性	カタール	kat	mol s^{-1}	

表 2.4　SI単位に用いる接頭語[†1]

単位に乗じる倍数	接頭語		単位に乗じる倍数	接頭語	
	名称	記号		名称	記号
10^1	デカ	da	10^{-1}	デシ	d
10^2	ヘクト	h	10^{-2}	センチ	c
10^3	キロ	k	10^{-3}	ミリ	m
10^6	メガ	M	10^{-6}	マイクロ	μ
10^9	ギガ	G	10^{-9}	ナノ	n
10^{12}	テラ	T	10^{-12}	ピコ	p
10^{15}	ペタ	P	10^{-15}	フェムト	f
10^{18}	エクサ	E	10^{-18}	アト	a
10^{21}	ゼタ	Z	10^{-21}	ゼプト	z
10^{24}	ヨタ	Y	10^{-24}	ヨクト	y

に基づく自然標準が採用されるようになった[†2]。これにより，人工物によらな

†1　2022年11月，さらにQ（クエタ，10^{30}），R（ロナ，10^{27}），r（ロント，10^{-27}），q（クエクト，10^{-30}）が追加された。

†2　「SI文書（SI brochure）」は，以下の国際度量衡局（BIPM）ホームページ，および“国立研究開発法人産業技術総合研究所計量標準総合センター：国際単位系（SI）第9版（2019）日本語版”を参照。
https://www.bipm.org/en/publications/si-brochure/

表2.5　SIの定義定数とそれらが定義する単位

定義定数	記号	数値	単位
Csの超微細遷移周波数	$\Delta\nu_{\mathrm{Cs}}$	9 192 631 770	Hz
真空中の光速	c	299 792 458	m s^{-1}
プランク定数	h	$6.626\,070\,15 \times 10^{-34}$	J s
電気素量	e	$1.602\,176\,634 \times 10^{-19}$	C
ボルツマン定数	k	$1.380\,649 \times 10^{-23}$	J K^{-1}
アボガドロ定数	N_{A}	$6.022\,140\,76 \times 10^{23}$	mol^{-1}
視感効果度	K_{cd}	683	lm W^{-1}

い確定した物理定数による定義となった。

以下では，SIの基本単位の定義と標準について簡単に解説する。

〔*1*〕 **メートル（m）：長さの単位**　過去には**図2.1**に示すメートル原器が長い間標準器として用いられてきたが，1960年に廃止され，光標準が採用された。現在では，つぎのように定義されている。

メートル（記号はm）は長さのSI単位であり，真空中の光の速さcを単位m s^{-1}で表したときに，その数値を299 792 458と定めることによって定義される。ここで，秒はセシウム周波数$\Delta\nu_{\mathrm{Cs}}$によって定義される。

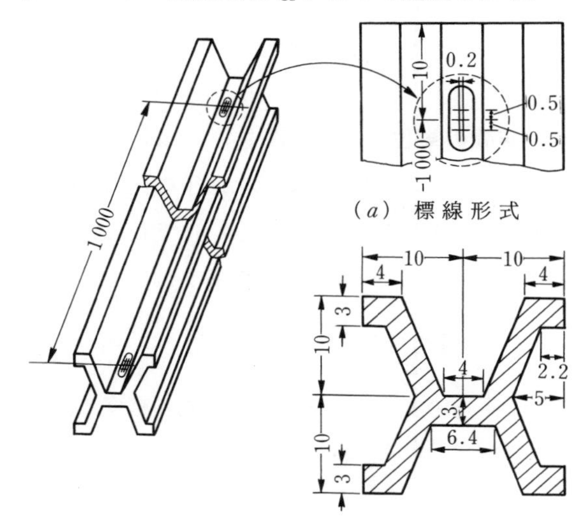

図2.1　メートル原器（単位：mm）

すなわち

$$1\,〔\mathrm{m}〕=\frac{c}{299\,792\,458} \tag{2.2}$$

また，日本の国家標準（特定標準器）としては，協定世界時に同期した光周波数コム装置が指定されている。

〔*2*〕 **キログラム（kg）：質量の単位**　1889年第1回CGPMにおいて定義されて以来，**図*2.2***に示すPt：90%，Ir：10%の合金である国際キログラム原器（IPK：international prototype of the kilogram）による定義が行われてきたが，2019年にプランク定数によるつぎの定義に改定された。

キログラム（記号はkg）は質量のSI単位であり，プランク定数hを単位J s（kg m^2 s^{-1}に等しい）で表したときに，その数値を$6.626\,070\,15\times10^{-34}$と定めることによって定義される。ここで，メートルおよび秒はcおよび$\Delta\nu_{\mathrm{Cs}}$に関連して定義される。

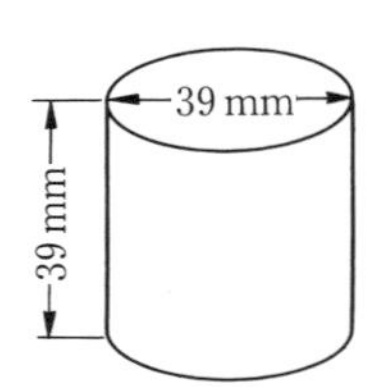

図*2.2*　キログラム原器

〔*3*〕 **秒（s）：時間の単位**　秒（記号はs）は，時間のSI単位であり，セシウム周波数$\Delta\nu_{\mathrm{Cs}}$，すなわちセシウム133原子の摂動を受けない基底状態の超微細構造遷移周波数を単位Hz（s^{-1}に等しい）で表したときに，その数値を9 192 631 770と定めることによって定義される。

すなわち

$$1\,〔\mathrm{s}〕=\frac{9\,192\,631\,770}{\Delta\nu_{\mathrm{Cs}}} \tag{2.3}$$

時間については，上述のように定義される間隔の精度と同時に時刻の精度も重要である。世界各国における時間間隔と時刻の標準の供給は，無線通信による方法が用いられている。

いわゆる標準電波報時システムで，原子周波数標準によって較正された水晶時計から得られる標準周波数の電波を送信し，時刻信号†も同時に送信される。参考のため，**表 *2.6*** に日本の報時用標準周波数局の諸元を，**図 *2.3*** に報時電波形式を示す。従来用いられてきた短波JJY形式に代わって，長波JJY形式によって60秒周期のタイムコード（パルス列）信号が利用されている。また，近年は日本標準時に直接接続されたNTPサーバを利用した，ネットワークによる時刻情報提供サービスやインターネットによる時刻情報提供サービスが行われている[7]。

〔*4*〕 **アンペア（A）：電流の単位**　　アンペア（記号はA）は，電流のSI

表 *2.6*　標準周波数局の諸元

呼出符号		JJY（標準周波数局）	
送信所		おおたかどや山標準電波送信所 （福島県田村郡都路村）	はがね山標準電波送信所 （佐賀県佐賀郡富士町）
緯度 経度		37° 22′ N 140° 51′ E	33° 28′ N 130° 11′ E
アンテナ形式		傘型 250 m 高	傘型 200 m 高
空中線電力		50 kW （実効ふく射電力 10 kW）	
電波形式		A 1 B	
運用時間		常　時	
標準周波数	搬送波	40 kHz	60 kHz
	変調波	1 Hz（秒信号）	
	変調波の振幅	最大 100%，最小 10% （呼出符号送信時を除く）	
標準時		JST：協定世界時（UTC）を 9 時間進めたもの	
秒信号の送信時間		常　時	
低周波標準による変調時間		な　し	
周波数と時間間隔の正確さ		$\pm 1 \times 10^{-12}$	
秒信号の型式		0.2，0.5，0.8 秒のマーク	
DUT 1 信号		な　し	
備　考		1999（平成 11 年）6.10 開局	2001（平成 13 年）10.01 開局

† 天文時との差異（うるう秒）は暦に従って適時修正される。

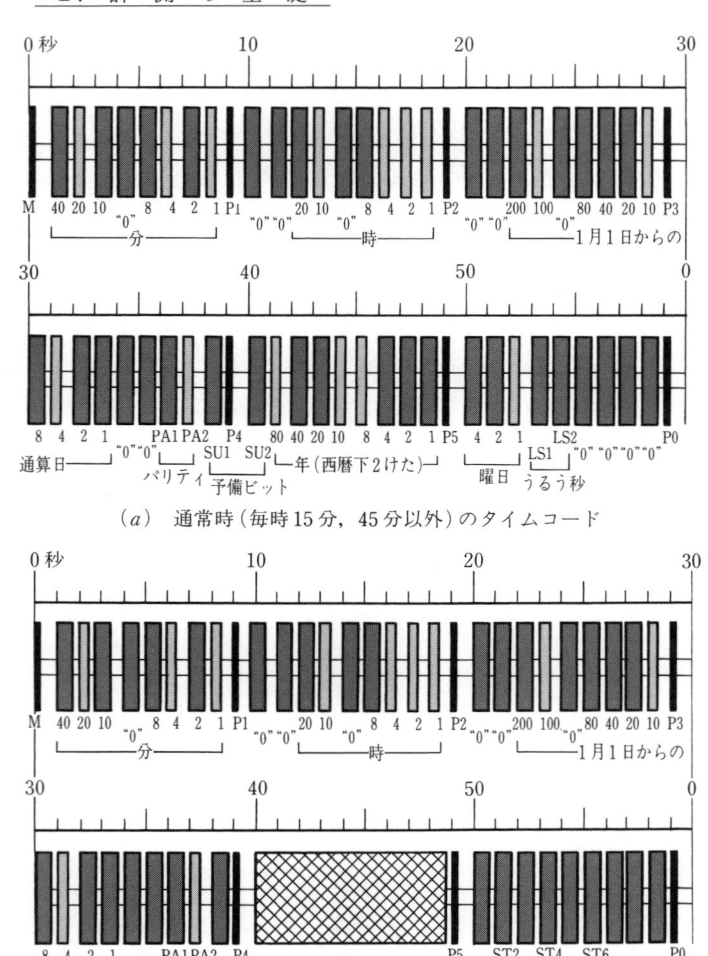

（*a*） 通常時（毎時15分，45分以外）のタイムコード

（*b*） 呼び出し符号送出時（毎時15分，45分）のタイムコード

図 *2.3* 長波 JJY による報時システム

単位であり，電気素量 e を単位 C（A sに等しい）で表したときに，その数値を 1.602 176 634 × 10^{-19} と定めることによって定義される。ここで，秒は $\Delta\nu_{\mathrm{Cs}}$ によって定義される。

〔*5*〕 **ケルビン（K）：熱力学温度の単位**　　ケルビン（記号は K）は，熱力学温度のSI単位であり，ボルツマン定数kを単位J K^{-1}（kg m^2 s^{-2} K^{-1}に等しい）で表したときに，その数値を1.380 649 × 10^{-23}と定めることによって定義される。ここで，キログラム，メートルおよび秒はh，cおよび$\Delta\nu_{Cs}$に関連して定義される。

ここでいう熱力学温度とは，二つの熱源間の可逆サイクルを考えた場合，その効率が熱源間の温度差のみによって定まり，作業物質の種類にかかわりなく定められる温度のことで，その実現には気体温度計や黒体放射が利用できるが，実際にはこのような熱力学的実験から温度標準を直接求めることは実用的ではない。この観点から，広範囲で実現が容易で，熱力学温度によく合致する**国際温度目盛**（ITS：international temperature scale）が定められており，現在は1990年に定められたITS-90が用いられている。ITS-90では，**表2.7**に示す17個の定義定点と，この間の温度決定用の標準温度計と補完公式が規定されている。また，国際ケルビン温度T_{90}〔K〕および国際セルシウス温度t_{90}〔℃〕（摂氏℃[†]）も定義されている。両者の関係は

$$t_{90}〔℃〕= T_{90}〔K〕- 273.15 \tag{2.4}$$

表2.7　ITS-90の定義定点

番号	定　　点	定点の温度〔K〕	番号	定　　点	定点の温度〔K〕
1	ヘリウムの蒸気圧点	3〜5	9	水の三重点	273.16
2	平衡水素の三重点	13.803 3	10	ガリウムの融解点	302.914 6
3	平衡水素の蒸気圧点 （ヘリウム気体温度計の示度）	約 17	11	インジウムの凝固点	429.748 5
			12	スズの凝固点	505.078
4	平衡水素の蒸気圧点 （ヘリウム気体温度計の示度）	約 20.3	13	亜鉛の凝固点	692.677
			14	アルミニウムの凝固点	933.473
5	ネオンの三重点	24.556 1	15	銀の凝固点	1 234.93
6	酸素の三重点	54.358 4	16	金の凝固点	1 337.33
7	アルゴンの三重点	83.805 8	17	銅の凝固点	1 357.77
8	水銀の三重点	234.315 6			

〔**6**〕 **モル（mol）：物質量の単位**　モル（記号はmol）は，物質量のSI単位であり，1モルには，厳密に6.022 140 76 × 10^{23}の要素粒子が含まれる。この数は，アボガドロ定数N_Aを単位mol^{-1}で表したときの数値であり，アボガ

† 欧米では華氏度（ファーレンハイト度）〔°F〕もよく使われている。

ドロ数と呼ばれる。

系の物質量 n は特定された要素粒子の数の尺度である。要素粒子とは，原子，分子，イオン，電子，その他の粒子，あるいは特定された粒子の集合体のいずれであってもよい。

〔7〕 **カンデラ（cd）：所定の方向における光度の単位**　カンデラ（記号は cd）は，所定の方向における光度の SI 単位であり，周波数 540×10^{12} Hz の単色放射の視感効果度 K_{cd} を単位 lm W^{-1}（cd sr W^{-1} あるいは cd sr kg^{-1} m^{-2} s^3 に等しい）で表したときに，その数値を 683 と定めることによって定義される。ここで，キログラム，メートルおよび秒は h, c および $\Delta\nu_{Cs}$ に関連して定義される。

電磁波エネルギーの放射である光の強さ自身は組立単位の一つである放射の強さ〔W/sr〕で示すことができるが，われわれ人間が知覚する明暗の度合いは放射の強さそのものではなく視覚を介しての感覚量である。そこで，このような光に関する感覚量を表すために測光量（心理物理量）を用いるが，測光量の基本量として光度（カンデラ）が選ばれている。**表 2.8** に示すように，放射量と測光量の間には

$$測光量 = 視感度 \times 放射量 \tag{2.5}$$

の関係がある。

表 2.8　放射量と測光量の関係

放射量			測光量			
量	定義式	単位〔SI〕	量	定義式	放射量との関係	単位〔SI〕
放射エネルギー	U	J	光のエネルギー	Q	$Q = KU$	
放射束	$P = \dfrac{dU}{dt}$	W = J/s	光束	$F = \dfrac{dQ}{dt}$	$F = KP$	lm (cd・sr)
放射強度	$J = \dfrac{dP}{d\omega}$	W/sr	光度	$I = \dfrac{dF}{d\omega}$	$I = KJ$	cd
放射照度	$H = \dfrac{dP}{dA'}$	W/m²	照度	$E = \dfrac{dF}{dA'}$	$E = KH$	lx (lm/m²)
放射輝度	$N = \dfrac{dJ}{dA}$	W/(sr・m²)	輝度	$B = \dfrac{dI}{dA}$	$B = KN$	cd/m²

〔注〕 K は視感度，sr は steradian の略記，A' および A はそれぞれ入射面，光源の面積要素

2.1.2 物理量間の演算と次元，次元式

以上で紹介したSIをはじめとする単位系が構成できるのは，われわれが取り扱う物理量そのものが一つの系（システム）を構成しているからにほかならない。この系の要素が**次元**（dimension）である。ここでは，この系の演算に関する性質に基づいて量（あるいは単位）の次元について考える。

〔*1*〕 **量の間の演算**　二つ以上の物理量は，たがいに比較することができる同一のグループに属する量どうしでなければ，加減演算を行うことはできないが，乗除演算はすべての量の間で代数規則に従って実行できる。

例えば

1） 重さ W_1〔N〕と W_2〔kg 重〕の和 W はつぎのように演算できる。

$$W\,[\mathrm{N}] = W_1 + 9.8\,W_2$$

2） 重さ W〔N〕と距離 d〔m〕の加減演算は不能。

3） 重さ W〔N〕と距離 d〔m〕の積 L はつぎのように演算できる。

$$L\,[\mathrm{N \cdot m}] = W\,[\mathrm{N}] \times d\,[\mathrm{m}]$$

3）に見るように，二つの量 A，B の積は次式を満足する。すなわち

$$AB = \{A\}\{B\} \cdot [\mathrm{A}][\mathrm{B}] \tag{2.6}$$

ここで $\{A\}$，$\{B\}$ はそれぞれ量 A，B の数値，〔A〕，〔B〕はそれぞれ量 A，B の単位である。したがって，$\{A\}\{B\}$ は量 AB の数値 $\{AB\}$ であり，〔A〕〔B〕は量 AB の単位〔AB〕である。

〔*2*〕 **量の次元**[8]　式（*2.6*）に基づいて，任意の量 Q のシステムを表すことができる。すなわち，任意の量 Q はその基本量を $A, B, \cdots, N$ とするとき，$k, \alpha, \beta, \cdots, \nu$ を定数として

$$Q = kA^{\alpha}B^{\beta}\cdots N^{\nu} \tag{2.7 a}$$

あるいは

$$[\mathrm{Q}] = k[\mathrm{A}^{\alpha}\mathrm{B}^{\beta}\cdots\mathrm{N}^{\nu}] \tag{2.7 b}$$

と表すことができる。

式（*2.7 b*）は量 Q の単位と基本量 $A, B, \cdots, N$ の単位との間の関係を示すと同時に量 Q のシステム要素（次元）について記述しているので，次元式と

呼ばれる。

すなわち，Q の次元 [Q] は基本量 $A, B, \cdots, N$ の次元 [A], [B], …, [N] を用いて，式（2.7 b）のように表せる。[Q] を特に dim Q と書くこともある。また，$\alpha, \beta, \cdots, \nu$ を次元の指数と呼ぶ。

SI は前述のように，長さ，質量，時間，電流，温度，物質量，光度の七つを基本量とする系であるから，これらの次元をそれぞれ L, M, T, I, Θ, N, J で表せば（次元記号と呼ぶ），すべての量 Q の次元は次式で表せる。

$$\dim Q = \mathrm{L}^{\alpha}\mathrm{M}^{\beta}\mathrm{T}^{\gamma}\mathrm{I}^{\delta}\Theta^{\epsilon}\mathrm{N}^{\zeta}\mathrm{J}^{\eta} \tag{2.8}$$

次元の指数がすべて零に等しい量は無次元量と呼ばれる。このとき，その次元の積または次元は 1 である。

例 2.1　力学系によく登場する諸量の次元は SI 系では，つぎのようである。

変位 [L]，速度 [LT^{-1}]，加速度 [LT^{-2}]，力＝質量×加速度 [LMT^{-2}]，エネルギー＝力×変位 [$\mathrm{L}^2\mathrm{MT}^{-2}$]

ところが，工学単位系では質量ではなく力〔kgf〕を基本量とするから，力の次元を F で表せば，上の諸量の次元はつぎのようになる。

変位 [L]，速度 [LT^{-1}]，加速度 [LT^{-2}]，質量＝力/加速度 [$\mathrm{FT}^2\mathrm{L}^{-1}$]，エネルギー＝力×変位 [FL]

単位系を構成する際，次元式の数係数（式（2.7 b）の k）が 1 となるような系を選択したほうが便利である。このように配慮して定められた単位系は，取り扱っている量の系と式とに関して**一貫性がある**（**コヒーレント**：coherent）という。SI 系はこのような系の一つである。

2.2　測定の基本的手法

前節では，「測定」のために必要となる量的基準について概説した。ここでは，「測定」という科学行為の一般的な手続き，手法について述べる。

測定の手続きや手法に注目して JIS Z 8103 計測用語[2)]を調べると，対比的ないくつかの用語，例えば直接測定，間接測定，絶対測定，比較測定，偏位法，零位法，…，などを見つけることができる。これらは「測定手法」をいくつかの異なった視点から分類したもので，測定の基本的手法を知るうえで有効な手がかりである。

2.2.1　直接測定と間接測定

JIS の定義によれば，**直接測定**（direct measurement）は測定量をそれと同種類の基準となる量と比較して行う測定であり，**間接測定**（indirect measurement）は測定量と一定の関係にあるいくつかの量について測定を行って，それから測定値を導き出す測定である。

例えば，未知電気抵抗の値を求める場合を考えてみよう。

図 *2.4* のようなホイートストンブリッジ回路を用いて，回路の平衡($\Delta I=0$)から可変標準抵抗 R_s と直接比較して，未知抵抗 R_x を測定する場合が前者にあたる。これに対して**図 *2.5*** のように抵抗に流れる電流 I と抵抗前後の電位差（電圧）V を測定し，オームの法則（$V=IR$）から R_x を測定する場合が後者にあたる。

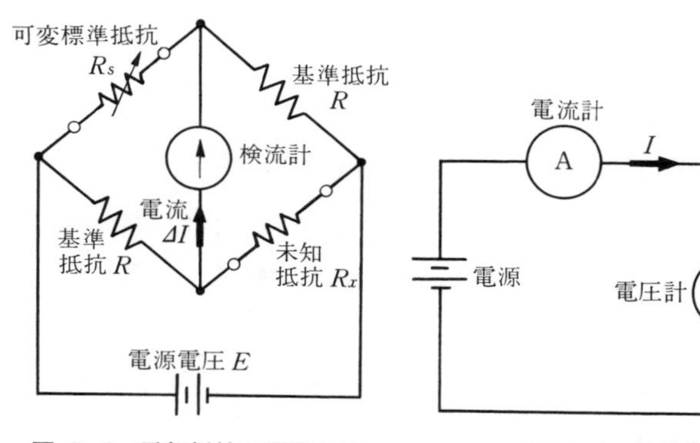

図 *2.4*　電気抵抗の測定（1）
ホイートストンブリッジ法

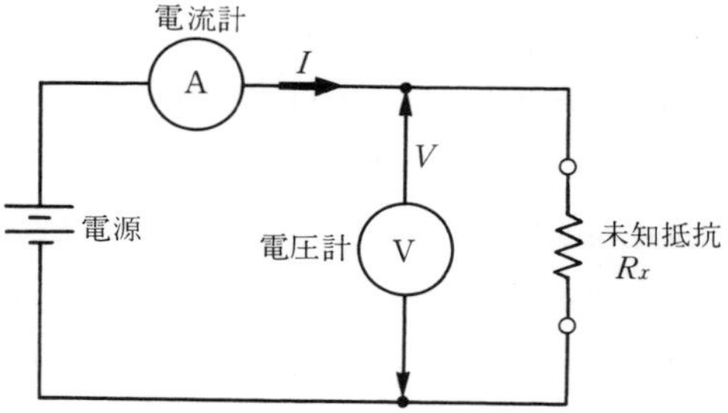

図 *2.5*　電気抵抗の測定（2）
電流電圧法

2.2.2　絶対測定と比較測定

同じくJISの定義によれば，**絶対測定**（absolute measurement）は，*1*）定義によって決められた量を実現させ，それを用いて行う測定，あるいは，*2*）組立量の測定を基本量だけの測定，から導くことであり，**比較測定**（relative measurement）は同種類の量と比較して行う測定である。

例えば，長さの定義に基づいて作られた**標準尺**（standard scale）を用いた寸法測定は絶対測定である（同時に上述の定義から直接測定である）。また，この寸法測定値を用いて面積や体積を測定する場合も絶対測定の範ちゅうに入る。一方，流体の体積をメスシリンダのような升（ます）を用いて測定する場合が比較測定となる（この場合も直接測定か間接測定かという分け方をすれば直接測定である）。

JISでの分類定義は以上のようであるが，一般に測定の方法・手法を絶対測定と比較測定とに分ける場合，つぎのような視点から行われることも多い。すなわち，絶対測定とは測定量の絶対値を測定する場合であり，比較測定とは測定量の基準値からの差異を測定する場合である。

例えば，同じ寸法（長さ）測定を行う場合でも，測定対象の絶対寸法（全長）を測定する場合が絶対測定であり，基準となる測定対象Aの寸法に対する測定対象Bの寸法差（偏差）を測定する場合が比較測定である。

2.2.3　偏位法と零位法

JISの定義によれば，**偏位法**（deflection method）は測定量を原因としてその直接の結果として生じる指示から測定量を知る方法で，一方，**零位法**（れいいほう）（zero method, null method）は測定量と独立に，大きさを調整できる既知量を別に用意し，既知量を測定量に平衡させて，そのときの既知量の大きさから測定量を知る方法である。ただし，この場合，たがいに平衡させる量は，測定量，既知量からそれぞれ導かれた量であることもある。

のちの章で詳しく触れるように，計測システムや計測器，測定装置では結果を人間や機械が理解できるよう表示する装置（表示要素・表示部）が必要となるが，人間を対象とした最も代表的な装置が**指針**（pointer）＋**目盛**（scale）である。指針形測定器を例にとれば，指針のふれ（偏り）から測定値を直接得るものが偏位法を用いたものであり，指針のふれを平衡位置（零位置）に戻すように測定器に組み込まれた既知の基準量を変化する仕様のものが零位法を用いたものである。

例えば，**図 2.4**，**図 2.5** に示した電気抵抗値測定の場合，**図 2.4** のホイートストンブリッジ回路を用いる方法は零位法（検流計の指針のふれを零に戻すよう可変抵抗辺の抵抗値を変化し，平衡状態での可変抵抗辺の抵抗値から測定値を得る）であり，**図 2.5** の方法は偏位法（電流計，電圧計の指針のふれを読み，これらの値から測定値を得る）である。

また，**図 2.6** に示す例は質量（または重さ）を測定する代表的な方法である。図(*a*)のばね秤の場合は重力とばねの伸び量との比例関係を利用して，指針のふれから質量 m（または重さ W）を測定する偏位法を用いている。図(*b*)の天秤の場合は重力の釣合いを利用して測定量 m（または W）と釣り合う（指針のふれを零とする）ように分銅を調整する零位法を用いている。

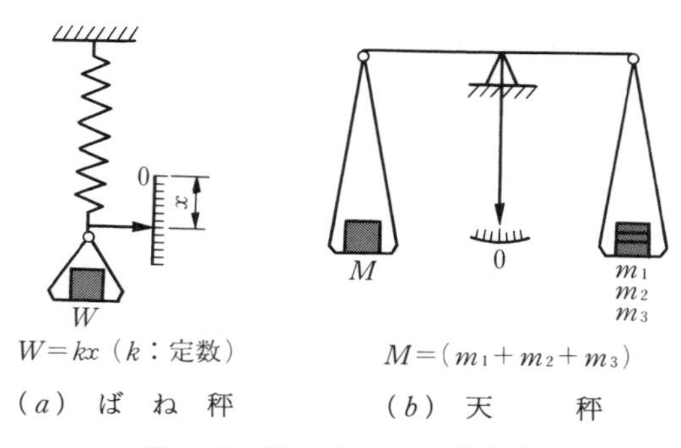

(*a*) ば ね 秤　　(*b*) 天 秤

図 2.6 質量（重さ）の測定法

零位法は，このように平衡状態（零位置）からの不平衡量を検出し，これによって基準量を調整する，**フィードバック制御**（feedback control）の原理を用いた**閉ループ**（closed-loop）形の測定法であり，**開ループ**（open-loop）形の偏位法に比べて一般に測定精度の向上が容易であると考えられている。これはおもに以下のような事由による。

1）偏位法では，指針にふれを生じるためのエネルギーを直接測定対象から得るため，測定対象（測定量）に大なり小なりの外乱を与える。例えば，測定系の摩擦などによるエネルギー損失による誤差が無視できない。これに対して零位法では，基準量の調整などは別のエネルギー源を用いて行われるので測定対象に及ぼす影響が少ない。

2）偏位法では，測定系の稼動範囲は指針のふれの全範囲に及ぶが，これに対して零位法では，指針の零位置（平衡点）付近の狭い範囲に限られる。したがって，偏位法では広範な作動域にわたる精度維持が必要なのに対して，零位法では狭範囲でのみ精度向上・維持を図れば十分である。また，作動域が狭くてよいことは測定（系）の諸条件をつねに一定に保つ点からも有利である。

2.3　計測の計画と実施－計測システム計画－

本章を終えるにあたって，いま一度「計測とは」を再確認しておこう。計測とは，なんらかの目的を持って，事物を量的にとらえる（測定する）ための方法・手段を考究し，実施し，その結果を用いることである。

ここでは，どのように計測を計画し，実施していくかについて考察しておこう。

通常，つぎのような手順が必要になる。

〔*1*〕 **目的の明確化**　どのような（工業的）目的を果たすために行うのか。例えば，機械の振動を減少したい，ロボットに障害回避を行わせたい，不良品を選別したい，室温を一定に保ちたい，…，などである。多種多様な目的があるが，明確かつ具体的，できれば定量的に設定されることが必要である。

〔*2*〕 **測定対象，測定量の決定**　設定された目的を成就するためには，なにを量的に知ることが必要か，因果関係に注目して決定する。因果関係の解析が十分でなければ，当初の目的を結果的に達成できないことも起こりうる。この場合には，再びこのステップに戻って再計画が必要となる。例えば，振動低減の場合であれば，主要機械要素の振動変位だけでなく，原動機の回転速度なども測定しなければならないかも知れない。

コーヒーブレイク

SI 単位系と工学単位系

1960 年に SI 単位系が世界度量衡総会で採択され，1985 年には日本でも工業規格として全面的に採用された。以来，すでに 15 年が経過している。確かに最近ではほとんどの工学書が SI 単位系で表記されているし，度量衡法で計測器の目盛表示が SI 単位に規制されるなど，少しずつではあるが確実に単位系の統一に向けて技術社会は歩みを進めている。しかし，依然として重量単位には多くの場面で kgf が使われているなど，前途多難を思わせる面も少なくない。例えば，自分の体重を 600 N です，と紹介する人はまずいない。日本人なら 61 kg，欧米人なら 135 lb（ポンド）と紹介するだろう。さすがに日本人でも尺貫法を使う人は皆無に近くなったが，欧米ではいまだにヤード・ポンド法が単位系として根強く生き残っている。

SI 単位系の採用に先立って，日本では尺貫法が廃止され，メートル法が採用された。すでに尺・寸・間・貫・合・坪…などの尺貫単位の多くは死語になりつつある。しかし，3.3 m^2，180 mm^3，1 800×900 mm，…，など一見メートル法で表記される中途半端な量がそこかしこで散見されるのはなぜだろうか。すべて尺貫法の名残であることは周知であろう。生活に根付いた単位を強制的に廃止することも至難の業である。

工学単位系が現在でも多くの工場で使われている背景には，われわれが認識しやすい重量〔kgf〕を基本単位に採用しているからであろう。私たちの生活の中では質量〔kg〕は概念でしかなく，実認識することが難しいので，その代わりに重量（重さ）で認識してきた訳である。その意味で SI 単位系より工学単位系のほうが生活（実感）に根付いた単位系である。

翻って考えてみれば「単位」は人間の経済活動に密着して（必要があって）生まれてきた共通認識の基準であるから，この点を欠いた単位系は社会に受け入れられることが難しいし，共通認識化するには相応の時間も必要となる。

SI 単位系が私たちの（技術）活動に本当の意味で根付くにはまだまだ長い年月を必要とするだろうし，その間私たちは，なんども理想と現実の間を行き来することになろう。

〔*3*〕 **測定方法の検討，計測機器**† **の選定**　　測定量が決まれば，測定方法の検討を行う。計測システムの計画・設計で一番重要で，かつ困難なステップがこの段階である。これまでに提案されている多種多様な手法（機器，装置，システム）から目的実現のために最適なものを選ばねばならない。もし，適切なものがなければ新たに方法を考究し，開発する必要さえある。

このステップが障害になって当初の目的が実現できていない例は数知れない。ここで，測定方法を検討する際に，どれ程多くの事項との関連を考えなければならないかの例を**図 *2.7*** に示す。

目的に応じて単体の機器を一つ選定する場合から，複数の機器を選定，組み合わせてシステムとして構成する場合まで多様な場合に遭遇するが，測定対象

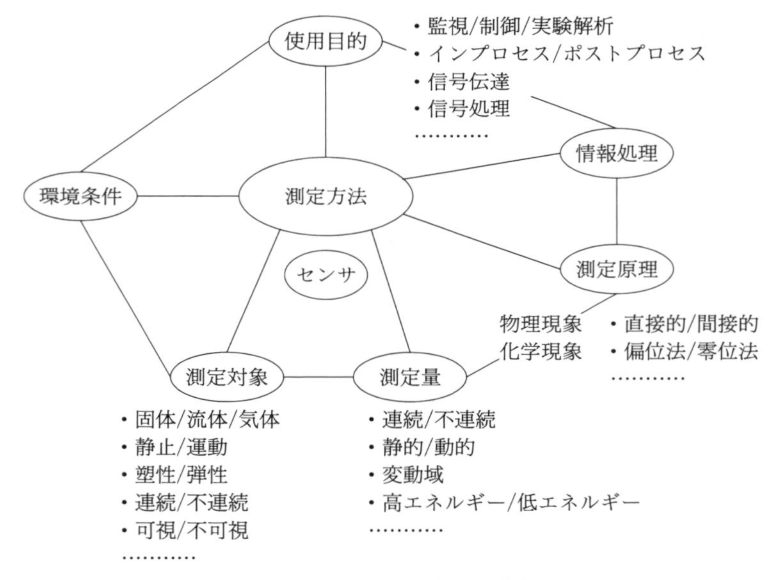

図 *2.7* 測定方法に係わる諸事項

---

† JIS では，計測器という用語を以下の測定器，計器の総称として用いている[2)]。
測定器（measuring apparatus, measuring device）：測定を行うための器具，装置など一切を含めた呼称で，単体とシステムのすべてを含む。
計器（measuring instrument, measuring meter, measuring gauge）：測定器のうちで測定量の値，または物理的状態などを表示，指示，記録する機能を持つもの。

は千差万別であり，厳密な意味では一つとして同じものはない。ここに計測システムを一般的に論じることの難しさがある。同じ対象の同じ測定量を得る際にも環境条件などが変われば，前に成功した方法がそのまま使えるとは限らない。

最も簡単な場合と考えられる単一機器の選定にあたっても，**表2.9**に示す仕様については最低限調査が必要であろう。

〔4〕 **システムの構築，測定の実施**　試行錯誤的な検討も含めて最適なシステムを構築し，測定を実施する。

〔5〕 **測定結果の目的への応用**　測定値や測定データを適切に処理し，目的を達成する。測定データの目的に応じた適切な処理については，次章で詳述する。

表2.9　計測機器の選定仕様

1）　測定範囲
2）　測定力など，測定対象への影響度
3）　測定精度，感度，最小目盛
4）　応答性，直線性
5）　測定対象への設置法
6）　使用環境条件（温度，湿度，振動，クリーン度，など）
7）　出力信号（信号形態，レベル）
8）　可搬性（サイズ，重量，など）
…………

3

計測データとその処理

なんらかの目的を持って測定を行うと，対象とする事物の様子が量的（数値または符号）データとして得られる。これを目的のために，適切に応用して初めて，「計測」という技術行為が完成するから，計測工学を学ぶうえで「データおよびその処理」について正しく理解することは必須の事項である。本章では，この立場から，測定データと誤差，誤差と精度，誤差を含むデータの処理法，などについて解説する。

3.1 測　定　誤　差

ある測定対象から**測定値**（measured value）を得るとき，私たちは当然この量にはなんらかの正しい値があると考えている。この値を**真の値**（true value）と呼ぶが，これは特別な場合を除き「神のみぞ知る値」，すなわち観念的な値であって，求めようとして求めえないものである。正しい測定装置を用いて十分な注意を払っても，測定装置は完全ではないし，観測者の判断力などにも限界がある。

したがって，私たちが実際に得る値（測定値）は測定のたびにわずかであっても違いを生じるのが一般的である。自明のことであるが，「測定値にはつねに**誤差**（error）が含まれる。私たちは永遠に正しい値そのものを知ることはできない。」と認識することから測定は始まる。誤差† はつぎのように定義されている。

$$誤差＝測定値－真の値 \tag{3.1}$$

† **絶対誤差**（absolute error）と呼ぶこともある。

また，真の値との比を用いた場合を誤差率[†1]と呼ぶ。

$$誤差率=\frac{誤差}{真の値} \tag{3.2}$$

先に述べたように，真の値は人間が知ることのできない値であるから，このように誤差を定義しても実際には誤差の大きさを知ることはできないので，便宜的に真の値に代わる値（最確推定値）を用いて誤差を求めているが，この論議については後述する。

3.1.1 誤差の原因

測定誤差は，その原因により一般に3種類に大別される。過失誤差，系統的誤差，偶然誤差の三つである。

〔*1*〕 **過失誤差**　測定機器の誤操作や測定者の不注意や間違いによって生じる誤差を**過失誤差**（error by mistake）と呼ぶ。代表的な例は指示目盛の読み間違いやドリフト[†2]などの初期調整不備による誤差である。

〔*2*〕 **系統的誤差**　以下に示すような原因により，規則的（系統的）に生じる誤差を**系統的誤差**（systematic error）と呼ぶ。

系統的誤差は規則性があるので，測定値に**偏り**（bias）を与えることになる。

1） **機器誤差**　個々の計測機器が持つ固有の誤差を**機器誤差**（instrumental error）と呼び，代表的な例は目盛の固有誤差，構成機素（ばね，歯車，ねじ，レバーなどの機械要素，電気抵抗，トランジスタなどの回路要素など）の固有誤差，経年変化などに起因する誤差である。

2） **理論誤差**　測定に用いた方法（原理）に起因する誤差を**理論誤差**（theoretical error）と呼び，一般に理論的計算によって補正できる誤差である。代表的な例は種々の温度誤差の発生で，身近な例としては標準温度条件と

---

†1　上記に対して**相対誤差**（relative error）と呼ぶこともある。

†2　drift：一定の環境条件のもとで測定量以外の影響によって生じる計測機器の指針指示や出力の緩やかで継続的な変化。

使用温度条件が異なる場合に生じる目盛尺目盛の線膨張誤差をあげることができる。

3）**個人誤差**　測定者固有のくせによって，測定上，調整上，生じる誤差を**個人誤差**（personal error）と呼ぶ。例えば，指針の振れを読み取るときに中間目盛がなく，目測による場合には，大きめに測定値を読む人，小さめに読む人，偶数値に読む人，奇数値に読む人など，無意識に測定者のくせが出ることがよくある。

〔***3***〕**偶然誤差**　上述の原因以外の突き止められない原因，あるいは制御できないようなわずかな測定条件，環境条件などの変動（例えば，空気のゆれ，機器の振動，浮遊塵埃(じんあい)など）によって偶発的に生じる誤差を**偶然誤差**（accidental error）と呼ぶ。この誤差は偶発的に発生するため，測定値の**ばらつき**（dispersion）となって現れる。

3.1.2　測定値の統計的分布

過失なく同じ測定を無限回繰り返し実施し，測定値とその測定される頻度の関係を整理すると，一般に**図 *3.1*** のようになることが知られている。図中では，便宜上真の値がわかっているものとして示してある。

上述の測定値のばらつき（偶然誤差）により，測定頻度の分布はなだらかな山形の広がりを示す。また，測定値の最も確からしい値（最確値），すなわち

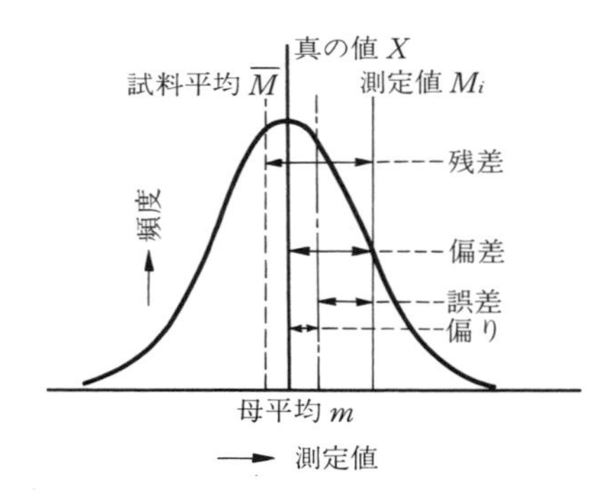

図 *3.1*　測定値の頻度分布

頻度が極大となる測定値 m と，真の値との間のずれ量が上述の偏り（系統的誤差）の大きさである。統計学上では，図中に示すように m を**母平均**（population mean）と呼ぶ。これは同一条件のもとで求められる仮想的な「すべての測定値（無限個）の集まり」を，統計学的に測定値の**母集団**（population）と呼ぶことに由来する。これに対して，母集団から「ランダムに求められる有限個の測定値の一組」を測定値の**試料**（sample）と呼び，試料についての平均値 $\overline{M}$ を**試料平均**（sample mean）と呼ぶ。すなわち

$$\overline{M}=\frac{1}{n}\sum M_i \tag{3.3}$$

$$m=\lim_{n\to\infty}\overline{M} \tag{3.4}$$

ただし，M_i（$i=1, 2, \cdots, n$）は測定値である。

また，誤差（＝測定値－真の値＝M_i-X）に対して，母平均 m，試料平均 $\overline{M}$ を基準値とする量を，それぞれ**偏差**（deviation），**残差**（residual）と呼んで区別している。すなわち

$$\text{偏差}=\text{測定値}-\text{母平均}=M_i-m \tag{3.5}$$

$$\text{残差}=\text{測定値}-\text{試料平均}=M_i-\overline{M} \tag{3.6}$$

3.1.3　誤差の回避・低減

誤差の原因が明らかになれば，誤差を回避・低減することが可能である。したがって，前述のように過失誤差，系統的誤差は原因が特定されているので基本的に回避できる。

〔1〕 **過失誤差**　測定時に十分な注意を払うこと，また得られた測定値に対して棄却検定を行うことにより避けることができる。

〔2〕 **系統的誤差**　三つの原因に応じてつぎのように対処できる。

1） **機器誤差**　定期的な測定器の**較正（校正）検査**（calibration test）を実施し，調整・修正する。

2） **理論誤差**　理論誤差式を用いて計算補正できる。

3） **個人誤差**　測定作業に従事する観測者の教育・訓練により，また

複数の観測者による結果の照合により低減できる。

〔*3*〕 **偶 然 誤 差**　偶然誤差は原因が特定できないため，測定上回避することができず，補正することもできない。したがって，測定値には偶然誤差が必ず含まれる（測定値はばらつきを持つ）と考えて利用する必要がある。言い換えれば，ばらつきのある測定データから真の値にできるだけ近い値（最確値）を推定したり，測定値の確からしさなどを算定する必要があり，後述する**統計的データ処理法**（statistical data processing method）が利用される。

3.1.4　偶然誤差の性質と正規分布

偶然誤差は制御できない誤差であり，測定のたびに大きさや符号が不規則に変化する。しかし，測定をなん度も繰り返すと，この誤差の発生にもつぎのような規則性が認められる。これらは，**誤差の3公理**と呼ばれる。

公理 *1*　同じ大きさの正または負の誤差は，同じ割合（確率）で起こる。

公理 *2*　絶対値の小さい誤差は，大きな誤差よりも頻繁に起こる。

公理 *3*　絶対値がある程度以上の大きな誤差は起こらない。

したがって，過失誤差や系統的誤差が正しく回避された場合の測定値（偶然誤差）の分布は一般に**図 *3.2*** のような様相を示す。

図(a)では縦軸に相対頻度（＝頻度/総測定回数）をとったヒストグラムで誤差の分布を示しているので，棒グラフの高さ（縦軸）が統計学でいう確率 $P(e)$を表しているが，統計学では図(b)以下に示すように縦軸に確率密度 $f(e)$をとり，棒グラフの面積あるいは曲線と横軸が囲む面積で確率を表すことが多い。

例えば，図(b)で e_1 から $e_2(=e_1+\varDelta e)$の間の誤差が発生する確率は $P(e_1<e<e_2)=f(e_1)\varDelta e$，また図($c$)で e_1 から e_2 の間の誤差が発生する確率は $P(e_1<e<e_2)=\int_{e_1}^{e_2} f(e)\,de$ と表せる。

図(c)において，$f(e)$は確率密度を確率変数（ここの論議では誤差 e）の関数として記述したものであるから，一般に**確率密度関数**と呼ばれるが，偶然誤

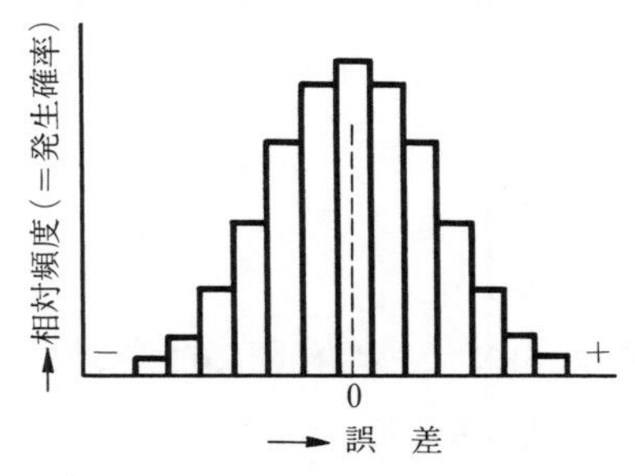

(a) 誤差の発生確率ヒストグラム

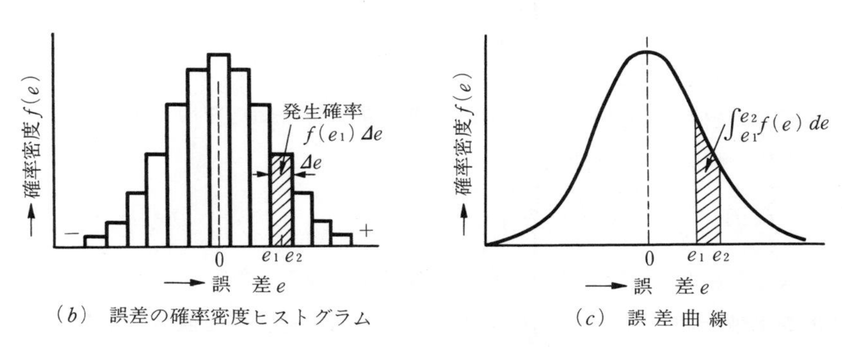

(b) 誤差の確率密度ヒストグラム

(c) 誤差曲線

図 3.2 偶然誤差の分布と発生確率

差の分布を表しているとの視点から**誤差関数**とも呼ばれる(曲線$f(e)$を**誤差曲線**と呼ぶ)。偶然誤差の誤差関数は理論的には

$$f(e)=\frac{1}{\sqrt{2\pi}\,\sigma}\exp\left(-\frac{e^2}{2\sigma^2}\right) \tag{3.7 a}$$

$$f(M_i)=\frac{1}{\sqrt{2\pi}\,\sigma}\exp\left(-\frac{(M_i-m)^2}{2\sigma^2}\right) \tag{3.7 b}$$

と表せることがガウスによって証明されている。式(3.7 a)で表される誤差の分布を**正規分布**(normal distribution),または**ガウス分布**(Gaussian distribution)と呼ぶ。実際の測定値(誤差)の分布はこの数学モデルから多少のずれを生じるのが普通であるが,このモデルを用いて得た種々の推論は十分信頼できることが確かめられている。

上式中のσは正規曲線の形(広がり),すなわち偶然誤差(ばらつき)の大きさを代表する量（偏差の RMS 値†）で，**標準偏差**（standard deviation）と呼ばれる。

$$\sigma=\sqrt{\frac{1}{N}\sum(M_i-m)^2} \tag{3.8}$$

ただし，$N=n\rightarrow\infty$ である。

式(3.8)からわかるように，σ も母集団に対する量で直接求めることが難しいので，推定値として**試料標準偏差** s が用いられる。

$$s=\sqrt{\frac{1}{n-1}\sum(M_i-\overline{M})^2} \tag{3.9}$$

ただし，n は試料数である。

なお，正規曲線（式(3.7 a)）は無次元量 $u(=e/\sigma)$ を用いてつぎのように，より一般化して記述できる。

$$f(u)=\frac{1}{\sqrt{2\pi}}\exp\left(-\frac{u^2}{2}\right) \tag{3.10}$$

この式で表される正規分布（曲線）を**規準正規分布**（曲線）と呼ぶ。また，u は**標準単位**と呼ばれる。**図 3.3** に規準正規曲線を，また**表 3.1** に種々の u の値に対してその出現確率を計算した正規分布表を示す。

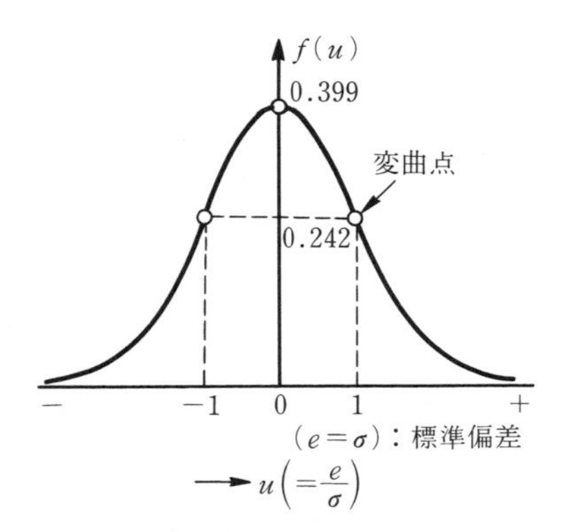

図 3.3　規準正規曲線の概形

表 3.1　規準正規分布の代表値

u_i	確　率 $\int_{-ui}^{ui} f(u)\,du$	高　さ（確率密度） $f(u_i)$
0	0	0.399
1.000	0.683	0.242
1.645	0.900	0.103
1.960	0.950	0.058
2.000	0.954	0.054
2.500	0.988	0.018
3.000	0.997	0.004

† root mean square：二乗平均平方根値。

3.2 測　定　精　度

前節では測定に伴う誤差について考えたが，測定の正しさの程度を表す尺度として**精度**（accuracy）が用いられる。なぜ，測定の正しさが論じられるかといえば，前述のように測定には誤差が不可避であるからである。精度とは誤差の小ささの度合いであり，精度と誤差は裏返しの概念である。

3.2.1 正確さと精密さ

前節で述べたように誤差は原因によって三つの種類に分類される。したがって，過失誤差は論外として，精度の内容も系統的誤差に関係するものと偶然誤差に関係するものに分けて考えられる。

系統的誤差の小さい程度，すなわち偏り（＝母平均－真の値）の小ささを**正確さ**あるいは**正確度**（accuracy）と呼び，一方，偶然誤差の小さい程度，すなわち測定値のばらつきの小ささを**精密さ**，あるいは**精密度**（precision）と呼んで区別している。**図 3.4** に示す誤差曲線を例に考えると，A の測定は B の測定と比較して精密度は優れているが正確度は劣っている。

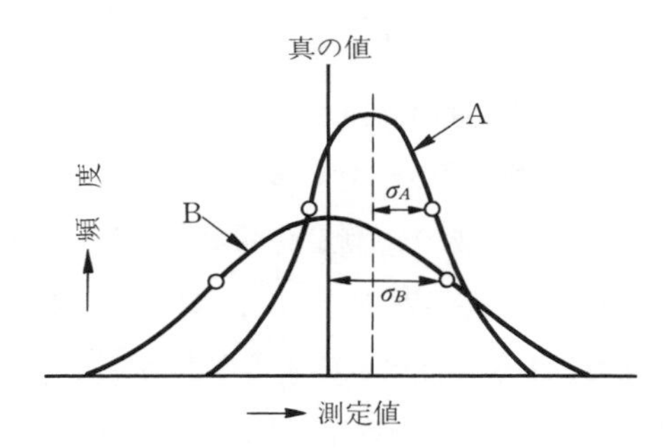

図 3.4　精密度と正確度

3.2.2 計測機器の確度†

前節で計測機器に起因する誤差を機器誤差と呼び，系統的誤差を生じると考

† 計測器の精度を特に確度と呼ぶ。

えたが，実際には計測機器で発生する誤差には偶然誤差も含まれている。したがって，計測機器の確度も正確度と精密度の両面から考える必要があるが，一般には系統的誤差は補正可能であることから特に断りがなければ，精密度を指すことが多い。

精密度，つまり測定値のばらつきの小ささを定量的に示すには先に述べた標準偏差 σ，あるいはその推定値である試料標準偏差 s を用いることができる。しかし，通常は計測機器をできるかぎり正しい方法で使用したとき，なお避けられない誤差の最大値，あるいは測定値の最大値と最小値の 1/2 を確度（精密度）として表示することが多い。すなわち，ある計測機器である量 Q を測定したとき，i_{max} から i_{min} の間で測定値を得たとすれば

$$\pm a = \frac{i_{\mathrm{max}} - i_{\mathrm{min}}}{2} \tag{3.11}$$

で，この計測器の確度を保証する。絶対値よりも相対値で示すほうが適切な場合には，次式のように測定範囲（指針目盛を用いるものでは，全目盛幅）I に対する比で表す。

$$\pm a = \frac{i_{\mathrm{max}} - i_{\mathrm{min}}}{2I} \times 100 \quad [\%] \tag{3.12}$$

自明のように，これらの精度値は計測機器を正しく使用したときにも生じうる偶然誤差（系統的誤差も含めた総合誤差を意味することもある）の最大限度を示しており，機器の利用者にとって利便性の高いものといえる。

例えば，JIS B 7502[12] によれば精密測長器の一つであるマイクロメータの性能として総合誤差（精度）や器差の項目があり，測定範囲が 0〜25 mm のものについてはおのおの±4 μm, ±2 μm と規定されている。これらはそれぞれの誤差の最大限度を示している。また，JIS ではつぎのような許容誤差の表示も見受けられる。例えば，金属製直尺の目盛の許容差（JIS B 7516）[13] は A，B 形では±（30＋0.05 L）〔μm〕と規定されている。ここで，L〔mm〕は任意の二つの目盛間の距離である。これも総合精度を誤差の最大限度で表したものであるが，第 2 項は目盛間隔にかかわる系統的誤差（正確度）の大きさを表し

ているとも考えられる。

3.3　測定データの統計的処理

3.3.1　有　効　数　字

ある測定結果などを示す数字のうちで，位取りを示す 0 を除く意味のある数字を**有効数字**（significant　figures）と呼ぶ。例えば，長さ測定の結果が 1.15 m の場合と 1.150 m の場合では，前者の有効数字は 3 けたであるのに対して，後者のそれは 4 けたである。数値としては同じであっても前者の測定では 0.01 m までしか意味のある，つまり保証できるデータが得られないのに対して，後者の測定では 0.001 m まで意味のあるデータが得られることを意味している。言い換えれば，有効数字は測定精度（誤差の最大限度）の程度（オーダ）を表しており，有効数字のけた（有効けた）が多いほど測定精度が高いと考えられる。すなわち，上記の例では前者は測定誤差が±0.01 m 程度含まれるのに対して，後者のそれは±0.001 m 程度である。

したがって，機器やシステムの測定精度に応じた適切な有効けたのデータが得られていることがデータの処理に先立って是非必要である。

測定値の演算における有効数字の取扱いを以下に示す。

〔*1*〕 **乗除演算**　　演算結果の有効けた数は，演算に用いた測定値の有効けたの中で最も少ないけた数と見なされる。

例 3.1　長方形の面積を 2 辺の測定値から求める。

辺 A＝1.25 cm，辺 B＝5.213 cm　のとき

　　面積 $S=1.25\times5.213=6.52\,\mathrm{cm}^2$

〔*2*〕 **加減演算**　　測定値の中で精度的に最も劣るものの，最下位けたを演算結果の有効数字の最下位けたとする。

例 3.2　物体 A, B, C の重量和をおのおのの測定値から求める。

A＝1.23 N，B＝0.456 N，C＝7.8 N のとき

総重量 $W=1.23+0.456+7.8=9.4$ N

---

〔3〕 **測定値以外の数値（物理定数など）の取扱い**　　測定値の有効けた数に合わせた有効けた数の数値を用い，測定値の有効数字が最大限，演算結果に生かせるよう配慮する。

例 3.3　球の体積を直径の測定値から求める。

直径 $D=20.05$ mm のとき

$$\text{体積 } V=\frac{\pi D^3}{6}=3.142\times 20.05^3\div 6.000=4\,221\ \text{mm}^3$$

円周率 π の値は，測定値の有効数字 4 けたを生かせるよう 4 けた以上の有効数字を必要とする。また，定数 6 は有効けたには影響を与えない。ここでは円周率 π を 4 けたで便宜的に表示したが，無限けたの有効数字を持つ量と考えることができる。

3.3.2　算　術　平　均

ある量を多数回測定して，同じ程度に信頼できる多数個の測定値 M_1, M_2, … を得た場合，私たちはより確からしい値を知るために**算術平均**（algebraic mean）**値**を計算する。これは，だれから教わったかも定かではなく，あたかも習慣のようになっているデータ操作であるが，以下に示すように測定データの統計的性質に基づく最も基本的，かつ原理的な処理操作であることを再確認されたい。

いま，ある量を n 回測定して，測定値 $M_1, M_2, \cdots, M_n$ を得たとする。算術平均 $\overline{M}$ は周知のように次式で求められる。

$$\overline{M}=\frac{M_1+M_2+\cdots+M_n}{n}=\frac{1}{n}\sum M_i \tag{3.13}$$

かりに測定したある量の真の値を X とすれば，各測定値の誤差 $e_1, e_2, \cdots, e_n$ はつぎのように記述できる。

$$\left.\begin{array}{l} M_1 - X = e_1 \\ M_2 - X = e_2 \\ \quad \cdots\cdots\cdots \\ M_n - X = e_n \end{array}\right\} \tag{3.14}$$

したがって，式(3.14)を式(3.13)に代入して整理すると次式の関係を得る。

$$\overline{M} = \frac{nX + (e_1 + e_2 + \cdots + e_n)}{n} = X + \frac{1}{n}\sum e_i \tag{3.15}$$

ここで，誤差の統計的性質（誤差の3公理）に注目すれば，$\lim_{n\to\infty}\sum e_i = 0$ であるから，測定回数 n が十分大きい場合には式(3.15)の右辺第2項は無視できるほど小さくなり，$\overline{M} = X$ の関係が得られる。すなわち，算術平均を求めることは真の値を推定する（真の値の最確推定値を求める）操作にほかならない。

また，算術平均 $\overline{M}$ と各測定値 M_n の差に注目すると，この量は測定回数 n がかぎりなく大きい場合（$n\to\infty$）は偏差 d_i，そうでない場合は残差 r_i と呼ばれることはすでに述べたとおりである。ここでは，残差として扱うと

$$\left.\begin{array}{l} M_1 - \overline{M} = r_1 \\ M_2 - \overline{M} = r_2 \\ \quad \cdots\cdots\cdots \\ M_n - \overline{M} = r_n \end{array}\right\} \tag{3.16}$$

の関係を得る。したがって，上式の両辺の和を求めると

$$\sum M_i - n\overline{M} = \sum r_i$$

すなわち

$$\frac{1}{n}\sum M_i = \overline{M} + \frac{1}{n}\sum r_i$$

の関係を得る。左辺は $\overline{M}$ にほかならないから

$$\frac{1}{n}\sum r_i = 0$$

すなわち

$$\sum r_i = 0$$

となる。

このことから，算術平均操作とは「残差（偏差）の和を零にする操作」とも考えられる。

例題 *3.1* 等間隔で発生する事象，例えば振り子のふれの周期を測定するため，振り子が一方の死点に達する時刻を連続してストップウォッチで計時し，**表 *3.2*** のような結果を得た。この結果に基づいて，周期の最確値を求めよ。

表 *3.2* 振り子の周期測定例　（単位：s）

測定回数 i	1	2	3	4	5	6
死点時刻 t_i	0.72	1.46	2.08	2.79	3.41	4.08
周期 $T_i=t_{i+1}-t_i$	0.74	0.62	0.71	0.62	0.67	

【解答】

1）まず，周期 $T_i=t_{i+1}-t_i$ の算術平均を単純に求めてみよう。

$$\overline{T}=\frac{1}{5}\sum T_i=0.672$$

を得る。

2）また，つぎのような求め方も可能である。

$$\overline{T}=\frac{1}{3}\left(\frac{1}{3}\sum(t_{i+3}-t_i)\right)=0.669$$ ◇

さて，例題 *3.1* の計算処理の内容を検討してみよう。*1*）の処理を代数的に記述してみると

$$\overline{T}=\frac{\{(t_2-t_1)+(t_3-t_2)+(t_4-t_3)+(t_5-t_4)+(t_6-t_5)\}}{5}$$

$$=\frac{(t_6-t_1)}{5}$$

となる。同様に，*2*）の処理は

$$\overline{T}=\frac{\{(t_4+t_5+t_6)-(t_1+t_2+t_3)\}}{9}$$

である。

1）の処理では，せっかく六つの計時値（測定値）を得ながら，二つの計時

値しか用いておらず，平均処理として不適切なことがわかるだろう。

これは算術平均を求める際に犯しやすい過ちの代表的なもので，平均処理といえども決して安易に実施してはならない。2)のようにしてこれを避ける手法を**移動平均法**と呼ぶ。

3.3.3 誤差の伝播

n 個の量（$q_1, q_2, \cdots, q_n$）の測定値を用いてある量 Q を間接測定する場合には，個々の測定量の誤差が結果 Q にどのように影響するかを明らかにしておく必要がある。これを**誤差の伝播**（error propagation）と呼ぶ。

いま，測定量 $q_1, q_2, \cdots, q_n$ と量 Q の関数関係を

$$Q = F(q_1, q_2, \cdots, q_n)$$

とし，各測定量 $q_1, q_2, \cdots, q_n$ の誤差を，それぞれ $\varDelta q_1, \varDelta q_2, \cdots, \varDelta q_n$ とすると，求めようとする量 Q の誤差 $\varDelta Q$ は

$$\begin{aligned}\varDelta Q &= \frac{\partial F}{\partial q_1}\varDelta q_1 + \frac{\partial F}{\partial q_2}\varDelta q_2 + \cdots + \frac{\partial F}{\partial q_n}\varDelta q_n \\ &= \sum_{i=1}^{n} \frac{\partial F}{\partial q_i}\varDelta q_i \end{aligned} \qquad (3.17)$$

となる。ただし，偶然誤差 $\varDelta q_i$ $(i=1, 2, \cdots, n)$ は正負のものが同じ確率で発生するから，この関係を用いて $\varDelta Q$ の大きさを算定することは難しいが，すべての誤差 $\varDelta q_i$ が同符号で起こる場合を考えれば，Q に生じる誤差の最大限度 $\varDelta Q_{\max}$ を次式から算定することができる†。

$$\varDelta Q_{\max} = \sum_{i=1}^{n} \left| \frac{\partial F}{\partial q_i}\varDelta q_i \right| \qquad (3.18)$$

また，測定量 q_i $(i=1, 2, \cdots, n)$ がそれぞれ多数回測定され，各測定量の誤差の標準偏差 σ_i $(i=1, 2, \cdots, n)$ が求められている場合には，求めようとする量 Q に生じる誤差の標準偏差 σ_Q は

† 工学計測では，標準偏差を算定できるほど多数回の測定を繰り返すことはまれである。1回ないし数回の測定から伝播誤差の大きさ（限度）を知るには本式によるのが実用的である。

$$\sigma_Q{}^2=\sum_{i=1}^{n}\left(\frac{\partial F}{\partial q_i}\right)^2\sigma_i{}^2 \tag{3.19}$$

または

$$\sigma_Q=\pm\sqrt{\sum_{i=1}^{n}\left(\frac{\partial F}{\partial q_i}\right)^2\sigma_i{}^2} \tag{3.20}$$

で与えられる。一般にこの関係を**ガウスの誤差伝播の法則**と呼んでいる。

なぜなら

$$\sigma_Q{}^2=\frac{1}{N}\sum_{k=1}^{N}\varDelta Q_k{}^2=\frac{1}{N}\sum_{k=1}^{N}\left(\sum_{i=1}^{n}\frac{\partial F}{\partial q_i}\varDelta q_i\right)^2 \qquad (\text{ただし，}N\to\infty)$$

$$=\frac{1}{N}\sum_{k=1}^{N}\left\{\sum_{i=1}^{n}\left(\frac{\partial F^2}{\partial q_i}\varDelta q_i{}^2+\frac{\partial F}{\partial q_i}\varDelta q_i\sum_{j=1}^{i\neq j}\frac{\partial F}{\partial q_j}\varDelta q_j\right)\right\}$$

ここで，q_i と q_j の測定はたがいに独立に行われるから，その誤差の現れ方も独立となり，正負の誤差が同じ確率で発生し，相殺するので

$$\frac{1}{N}\sum_{k=1}^{N}\sum_{i=1}^{n}\sum_{j=1}^{i\neq j}\varDelta q_i\varDelta q_j=0$$

となるから，式(3.19)の関係が得られる。

上述の誤差伝播の関係を，代表的な間接測定関数例に具体的に適用してみるとつぎのようになる。

1)　$Q=a_1q_1+a_2q_2+\cdots+a_nq_n$ の場合，式(3.19)より

$$\sigma_Q{}^2=a_1{}^2\sigma_1{}^2+a_2{}^2\sigma_2{}^2+\cdots+a_n{}^2\sigma_n{}^2 \tag{3.21}$$

また，式(3.18)より

$$\varDelta Q_{\max}=|a_1\varDelta q_1|+|a_2\varDelta q_2|+\cdots+|a_n\varDelta q_n| \tag{3.22}$$

2)　$Q=aq_1{}^{a_1}q_2{}^{a_2}\cdots q_n{}^{a_n}$ の場合，同様に

$$\left(\frac{\sigma_Q}{Q}\right)^2=a_1{}^2\left(\frac{\sigma_1}{q_1}\right)^2+a_2{}^2\left(\frac{\sigma_2}{q_2}\right)^2+\cdots+a_n{}^2\left(\frac{\sigma_n}{q_n}\right)^2 \tag{3.23}$$

また

$$\frac{\varDelta Q_{\max}}{Q}=\left|a_1\frac{\varDelta q_1}{q_1}\right|+\left|a_2\frac{\varDelta q_2}{q_2}\right|+\cdots+\left|a_n\frac{\varDelta q_n}{q_n}\right| \tag{3.24}$$

式(3.21)～(3.24)によれば，間接測定量 Q の誤差（σ_Q または $\varDelta Q_{\max}$），あるいは誤差率（σ_Q/Q または $\varDelta Q_{\max}/Q$）を小さくするには，大きな係数また

は，べき指数 a_i を持つ測定量 q_i ほど精度よく測定する必要があること，精度の最も悪い測定量が全体の測定精度を支配することがわかる。したがって，間接測定の実施にあたっては，誤差（または誤差率）が最大となる測定量の精度にほかの測定量の精度を合わせる，すなわち各測定量の精度がほぼ同じ程度になるように計画するのが合理的である。これを**誤差等分の原理**と呼ぶ。

例題 3.2　測定量 Q の標準偏差が σ であるとする。Q を直接 n 回測定し，測定値 $Q_1, Q_2, \cdots, Q_n$ から平均値 $\overline{Q}$ を求めた。平均値 $\overline{Q}$ の標準偏差 σ_m はどの程度か。

【解答】　$\overline{Q}=\frac{1}{n}\sum_{i=1}^{n}Q_i$

また，個々の測定の標準偏差は $\sigma_i=\sigma$ であるから，式(3.21)より

$$\sigma_m=\frac{\sigma}{\sqrt{n}}$$

となる。

したがって，平均を取ることによってばらつきが減少し，信頼性が高まる。例えば，100 回の測定を繰り返して平均値を求めれば，標準偏差は 1/10 になり，精度を 1 けた向上できる。◇

例題 3.3　円柱の体積 V を，高さ h と直径 d の測定値から求める場合，つぎの問に答えよ。

1）h と d を測定した結果，平均値が $h=10.05\,\text{cm}$，$d=2.03\,\text{cm}$ で標準偏差はそれぞれ $\sigma_h=\pm 0.07\,\text{cm}$，$\sigma_d=\pm 0.05\,\text{cm}$ であった。円柱の体積とその精密度（標準偏差）を求めよ。

2）1)の測定で V を最大±1％の誤差率で測定したい。h と d の測定における誤差の限界をいくらにすればよいか。

【解答】　$V=\frac{\pi d^2 h}{4}$

1）　式(3.23)を適用すれば

$$\left(\frac{\sigma_V}{V}\right)^2=\left(\frac{\sigma_\pi}{\pi}\right)^2+2^2\left(\frac{\sigma_d}{d}\right)^2+\left(\frac{\sigma_h}{h}\right)^2$$

$$=\frac{0.005^2}{3.14^2}+4\frac{0.05^2}{2.03^2}+\frac{0.07^2}{10.05^2}$$

$$=2.54\times10^{-6}+2.43\times10^{-3}+4.85\times10^{-5}=2.481\times10^{-3}$$

$$\frac{\sigma_V}{V}=\pm4.98\times10^{-2}=\pm0.0498=\pm4.98\,\%$$

2)　式(3.24)を適用すれば

$$\frac{\Delta V_{\max}}{V}=\left|\frac{\Delta\pi}{\pi}\right|+\left|2\frac{\Delta d}{d}\right|+\left|\frac{\Delta h}{h}\right|=0.01$$

とすればよい。

右辺第1項は必要に応じていくらでも小さくできるから，ここでは無視し，第2項，第3項に均等に誤差率を配当すれば

$$\left|2\frac{\Delta d}{d}\right|=0.005,\quad\left|\frac{\Delta h}{h}\right|=0.005$$

となる。

ここで，$d=2\,\mathrm{cm}$，$h=10\,\mathrm{cm}$ として Δd，Δh を求めれば

$$|\Delta d|=0.005\,\mathrm{cm},\quad|\Delta h|=0.05\,\mathrm{cm}$$

◇

例題3.3から明らかなように，円柱の体積を直径と高さから測定する場合，直径の測定精度の向上が最終的な測定精度向上の鍵を握っているので，これに応じて適切な精度で高さを測定するのが合理的である。

3.3.4　最小二乗法

ある量に対して n 個の測定値 M_i（$i=1,2,\cdots,n$）を得たとき，標準偏差を σ，真の値を X とすれば，すでに述べたように測定値 M_i を得る確率は式(3.7 a)あるいは式(3.7 b)で与えられる。すなわち

$$f(M_i)=\frac{1}{\sqrt{2\pi}\sigma}\exp\left(-\frac{(M_i-X)^2}{2\sigma^2}\right)\tag{3.25}$$

したがって，n 回の独立した測定によって n 個の測定値 M_i（$i=1,2,\cdots,n$）を同時に得る確率は乗法定理より次式で与えられる。

$$P=f(M_1)f(M_2)\cdots f(M_n)=\left(\frac{1}{\sqrt{2\pi}\sigma}\right)^n\exp\left(-\frac{\sum(M_i-X)^2}{2\sigma^2}\right)$$

確率 P を X の関数と考え，P が最大になる X の値を X_0 とすれば，X_0 は真の値 X の最確値と考えることができる。すなわち，上式の指数部を最小と

するような X_0 を選定すれば X の最確値を決定できる。

上式から X_0 が満足すべき条件は

$$\sum(M_i-X)^2=\text{最小} \tag{3.26}$$

となる。この「誤差の二乗和を最小とする」条件を用いて最確値を決定する方法を**最小二乗法**（least square method）と呼ぶ。

ちなみに式(3.26)から最確値 X_0 を求めてみると

$$\frac{d}{dX}\sum(M_i-X)^2=0$$

より

$$X_0=\frac{1}{n}(M_1+M_2+\cdots+M_n)$$

を得る。このように，最小二乗法を適用して1個の未知量 X の最確値を n 個の測定値 M_i（$i=1, 2, \cdots, n$）から決定することは，算術平均値を求めることにほかならない。

では，つぎに m 個の未知量 Z_k（$k=1, 2, \cdots, m$）を，n 個の測定値 M_i から決定する場合に最小二乗法を適用してみよう。

すなわち

$$M_i=f_i(Z_1, Z_2, \cdots, Z_m) \qquad (i=1, 2, \cdots, n)$$

から未知量 Z_k（$k=1, 2, \cdots, m$）の最確値を求める問題である。ここでは簡単のため，関数 f_i は未知量 Z_k（$k=1, 2, \cdots, m$）の1次式を考える†。

$$M_i=a_{1i}Z_1+a_{2i}Z_2+\cdots+a_{mi}Z_m \tag{3.27}$$

と表せば，n 回（$n>m$）の測定からつぎの n 個の式が得られる。

$$\left.\begin{aligned} M_1&=a_{11}Z_1+a_{21}Z_2+\cdots+a_{m1}Z_m \\ M_2&=a_{12}Z_1+a_{22}Z_2+\cdots+a_{m2}Z_m \\ &\cdots\cdots\cdots \\ M_n&=a_{1n}Z_1+a_{2n}Z_2+\cdots+a_{mn}Z_m \end{aligned}\right\} \tag{3.28}$$

† 2次式以上では解析が面倒になるので，1次式に近似（線形化）して適用することが多い。

この式を**観測式**（observation equation）と呼ぶ。測定値（$M_1, M_2, \cdots, M_n$）は真の値ではないし，$n>m$ であるから，観測式を同時に満たす解（$Z_1, Z_2, \cdots, Z_m$）は存在しない。したがって，観測式を最もよく満たす値を未知量の最確値と考えよう。未知量の最確値を（$z_1, z_2, \cdots, z_m$）とすれば，誤差（正確には残差）はつぎのように表せる。

$$\left.\begin{array}{l} e_1 = a_{11}z_1 + a_{21}z_2 + \cdots + a_{m1}z_m - M_1 \\ e_2 = a_{12}z_1 + a_{22}z_2 + \cdots + a_{m2}z_m - M_2 \\ \qquad\qquad \cdots\cdots\cdots \\ e_n = a_{1n}z_1 + a_{2n}z_2 + \cdots + a_{mn}z_m - M_n \end{array}\right\} \tag{3.29}$$

最小二乗法によれば，最確値に対して $\sum e_i^2 =$ 最小 であるから

$$\frac{\partial \sum e_i^2}{\partial z_i} = 0$$

より，つぎの関係を得る。

$$\left.\begin{array}{l} a_{11}e_1 + a_{12}e_2 + \cdots + a_{1n}e_n = 0 \\ a_{21}e_1 + a_{22}e_2 + \cdots + a_{2n}e_n = 0 \\ \qquad\qquad \cdots\cdots\cdots \\ a_{m1}e_1 + a_{m2}e_2 + \cdots + a_{mn}e_n = 0 \end{array}\right\} \tag{3.30}$$

したがって，式(3.30)に式(3.29)を代入すれば，最確値（$z_1, z_2, \cdots, z_m$）に関するつぎの方程式を得る。

$$\left.\begin{array}{l} [a_1a_1]z_1 + [a_1a_2]z_2 + \cdots + [a_1a_m]z_m = \sum a_{1i}M_i \\ [a_2a_1]z_1 + [a_2a_2]z_2 + \cdots + [a_2a_m]z_m = \sum a_{2i}M_i \\ \qquad\qquad \cdots\cdots\cdots \\ [a_ma_1]z_1 + [a_ma_2]z_2 + \cdots + [a_ma_m]z_m = \sum a_{mi}M_i \end{array}\right\} \tag{3.31}$$

ただし，簡単のため $[a_ia_j] = \sum_{k=1}^{n} a_{ik}a_{jk}$ と表記した。最確値の決定に用いるこの方程式を**正規方程式**（normalized equation）と呼ぶ。

例題 3.4　例題 3.1 について最小二乗法を適用してみよう。

等間隔で発生する事象，例えば振り子の振れの周期を測定するため，振り子

が一方の死点に達する時刻を連続してストップウォッチで計時し，$2n$ 個の測定値（$t_1, t_2, \cdots, t_{2n}$）を得た。周期 T の最確値を求めよ。

【解答】

1） つぎのような観測式を設定することができる。

$(2n-1)T = t_{2n} - t_1$

$(2n-3)T = t_{2n-1} - t_2$

………

$3T = t_{n+2} - t_{n-1}$

$T = t_{n+1} - t_n$

したがって，正規方程式はつぎのようになる。

$$\sum_{i=1}^{n}(2n-2i+1)^2 T = \sum_{i=1}^{n}(2n-2i+1)(t_{2n+1-i} - t_i)$$

これから，つぎの T の最確値を得る。

$$T = \frac{(2n-1)(t_{2n}-t_1)+(2n-3)(t_{2n-1}-t_2)+\cdots+3(t_{n+2}-t_{n-1})+(t_{n+1}-t_n)}{(2n-1)^2+(2n-3)^2+\cdots+3^2+1^2}$$

2） また，つぎのような観測式を設定することもできる。

$nT = t_{n+1} - t_1,\quad nT = t_{n+2} - t_2,\quad \cdots,\quad nT = t_{2n-1} - t_{n-1},\quad nT = t_{2n} - t_n$

この場合には，正規方程式は

$$n^2 T = \sum_{i=1}^{n}(t_{n+i} - t_i)$$

となり，つぎの最確値を得る。これは *3.3.2* 項で紹介した移動平均法にほかならない。

$$T = \frac{(t_{n+1}+t_{n+2}+\cdots+t_{2n-1}+t_{2n})-(t_n+t_{n-1}+\cdots+t_2+t_1)}{n^2}$$

3） 周期運動の繰返しの数を i（$i=1, 2, \cdots, 2n-1$）とすれば，観測式をつぎのように設定することもできる。

$iT = t_{i+1} - t_1$

この場合には，正規方程式は $\sum i^2 T = \sum i(t_{i+1} - t_1)$ となり，つぎの最確値を得る。

$$T = \frac{3\sum_{i=1}^{2n-1} i(t_{i+1}-t_1)}{n(2n-1)(4n-1)}$$

4） 同じく周期運動の繰返しの数を i とし，計時開始時刻 t_0 を T とともに未知数とすれば，つぎの観測式を設定できる。

$iT + t_0 = t_i$

この場合の正規方程式はつぎのようになる。

$$\sum i^2 T + \sum i t_0 = \sum i t_i$$
$$\sum i T + 2nt_0 = \sum t_i$$

したがって，最確値は

$$T = \frac{2n\sum it_i - \sum i \sum t_i}{2n\sum i^2 - (\sum i)^2} = \frac{3\sum(2i-2n-1)t_i}{n(2n+1)(2n-1)}$$
$$= \frac{(2n-1)(t_{2n}-t_1)+(2n-3)(t_{2n-1}-t_2)+\cdots+3(t_{n+2}-t_{n-1})+(t_{n+1}-t_n)}{(2n-1)^2+(2n-3)^2+\cdots+3^2+1^2}$$

また

$$t_0 = \frac{\sum i^2 \sum t_i - \sum i \sum it_i}{2n\sum i^2 - (\sum i)^2} = \frac{(4n+1)\sum t_i - 3\sum it_i}{n(2n-1)}$$

となる。T の最確値は *1*）の場合と一致する。◇

以上，例題 *3.4* では 4 通りの方法で最小二乗法による最確値の推定を行った。周期 T の最確値として 3 通りの結果が得られたが，どの方法が最も優れているかを一般的に論じることはできず，それぞれの問題ごとに検討する必要がある。

例題 *3.5*　つる巻ばねの一端に取り付けた皿に，正しく調整された分銅を 1 N ずつ順に載せていき，荷重 W に伴うばねの全長の変化を測定した結果を**表 *3.3*** に示す。最小二乗法を用いてばね定数 k の最確値を求めよ。

表 *3.3*　つる巻ばね長の測定例

測定回数 i	1	2	3	4	5	6
荷　重 W_i〔N〕	1	2	3	4	5	6
ばね長 L_i〔mm〕	104.50	118.70	133.10	146.40	160.70	174.70

【解答】　これらのデータが直線 $L_i = k' W_i + L_0$ を最もよく近似するように k を決定しよう。ただし，L_0 はばねの自然長，k' はばね定数の逆数とする。

式（*3.27*）に当てはめれば，$M_i = L_i$，$Z_1 = k'$，$Z_2 = L_0$，$a_{1i} = W_i = i$，$a_{2i} = 1$ と対応させればよい。したがって，正規方程式はつぎのようになる。

$$[a_1a_1]k' + [a_1a_2]L_0 = \sum a_{1i}L_i = C_1$$
$$[a_2a_1]k' + [a_2a_2]L_0 = \sum a_{2i}L_i = C_2$$

正規方程式を解けば，つぎの k' と L_0 の最確値を得る。

$$k' = \frac{[a_2a_2]C_1 - [a_1a_2]C_2}{[a_1a_1][a_2a_2] - [a_1a_2][a_2a_1]}$$

コーヒーブレイク

データ処理とコンピュータツール

パーソナルコンピュータ（personal computer，パソコン）が登場して以来，技術者がデータ処理にかかわる労力は大幅に軽減されてきた。1960年代前半ではまだ手回し計算機や計算尺が幅をきかせていたものが，60年代後半に入ると**卓上計算機**（electronic calculator，いわゆる電卓）が登場し，1970年代後半の8ビット**マイクロコンピュータ**(microcomputer，マイコン)の開発がパソコンを登場させた。1980年代初めには8ビットCPUで64kBメモリが標準仕様であったものが，現在では32ビットCPUで32，64MBメモリが標準仕様となるなど，この間の技術革新の速さは著者の予測をはるかに超えたものであった。

最近では便利なパソコンツールが簡単に利用できるから，必要なデータを入力してやれば本章で述べたような統計的処理（平均値，分散などに始まって最小二乗近似まで）や，次章で扱うFFTなどのディジタル信号処理も簡単にだれでも実施し，結果を得ることができる。作表やグラフ化も手書きよりよほど見栄えのよいものを労せず得ることができる。

データ処理に要した貴重な時間を節約し，より精度の高い結果が得られ，プレゼンテーションなどを含め，より効果的に情報伝達できればこんないい（うれしい）ことはない。ただ最近少し気になるのは，これらのツールをあまりに無批判に利用しているケースが多いことである。例えば，xとyの関係を実験的に調べて，**図 *3.5*** に示すような実験点（x_i，y_i）をグラフ上に得た場合，実験値のばらつきに配慮して，経験的に私たちは図中の実線で示すような実験曲線を手書きでは描くだろう。ところが，表計算ソフトをやみくもに使って，同じ結果をグラフ化すると往々にして**図 *3.6*** に示すような実験曲線が描かれる。必ず結果を批判し，誤りがあればこれを正すことが技術者（人間）には求められる。

まだまだ経験や勘，感性の点で人間に勝るパソコンは当分出現しそうにない。

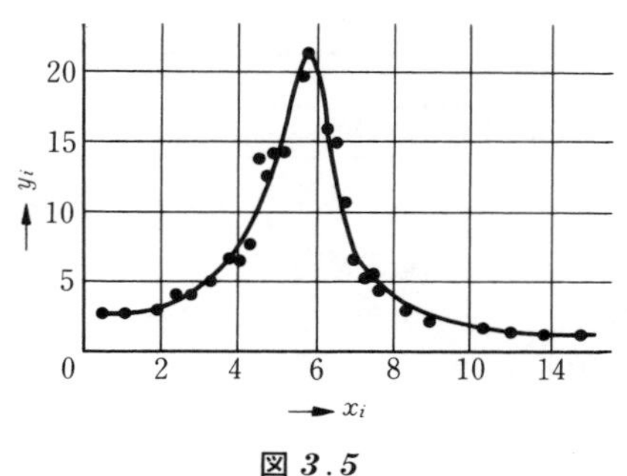

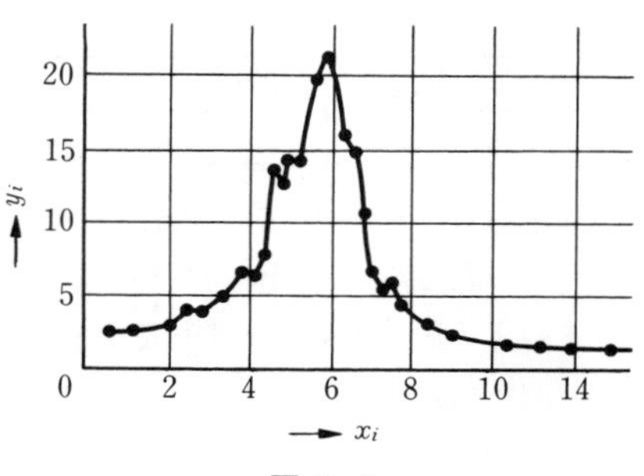

図 *3.5*　　図 *3.6*

$$L_0=\frac{[a_1a_1]C_2-[a_2a_1]C_1}{[a_1a_1][a_2a_2]-[a_1a_2][a_2a_1]}$$

なお，$[a_1a_1]=\sum_{i=1}^{6}i^2=91$，$[a_1a_2]=\sum_{i=1}^{6}i=21=[a_2a_1]$，$[a_2a_2]=6$，$C_1=\sum_{i=1}^{6}iL_i=3\,178.50$，$C_2=\sum_{i=1}^{6}L_i=838.10$，であるから

$$k'=14.009\ \mathrm{mm/N},\ L_0=90.653\ \mathrm{mm}$$

となる。したがって，ばね定数 k の最確値は $k=1/k'=71.383\ \mathrm{N/m}$ となる。　◇

演　習　問　題

【1】 ある量を20回測定したところ，偶然誤差を含むつぎのようなデータを得た。この結果からこの量の試料平均値，試料標準偏差を求めよ。

11.24，11.15，11.17，12.10，12.05，12.01，12.02，12.82，11.97，11.84，
12.54，12.21，11.99，12.11，12.01，11.85，12.00，11.90，12.08，12.02

【2】 音速を測定するために，気柱共鳴装置によって周波数 $f=500.1\ \mathrm{Hz}$ の音波の波長を測ったところ，$\lambda=681\ \mathrm{mm}$ を得た。有効数字を考慮して，音速 $v=f\lambda$〔m/s〕を求めよ。

また，気温 t〔℃〕を測定し，気温と音速の関係式 $v=331.5+0.60\,t$〔m/s〕を用いて音速を決定する場合，$t=20.5$ のときの音速を有効数字を考慮して決定せよ。

【3】 演習問題【2】の気柱共鳴装置を用いた実験で，$f=800.3\ \mathrm{Hz}$ の音波の気柱共鳴を観測し，音圧が最大になる位置 p_i〔mm〕を目盛尺で順次読み取り，**問表3.1** に示すデータを得た。このデータから音波の波長 λ の最確値を求めよ。ただし，$\lambda_i/2=p_{i+1}-p_i$ である。

また，得られた波長値を用いて音速を求めよ。

問表 3.1

i	1	2	3	4	5	6	7	8	9
p_i	213	425	632	833	1 047	1 260	1 470	1 684	1 895

【4】 単振り子の周期 T〔s〕は，振り子の長さを l〔m〕とすれば，$T=2\pi\sqrt{l/g}$ で与えられる。この関係を用いて重力加速度 g〔m/s²〕を求めたい。

いま l を0.1 mmまで測定するとすれば，T はどの程度の精度で測定するのが適切か。また，このとき g の測定精度はどの程度か。

【5】 長さ $L=100\,\mathrm{mm}$，直径 $D=10\,\mathrm{mm}$，質量 $M=300\,\mathrm{g}$ の一様な円柱がある。その中心を通り，軸に直角な直線周りの慣性モーメント J は

$$J=M\left(\frac{L^2}{12}+\frac{D^2}{16}\right)$$

で与えられる。右辺の各量を測定して J を求める場合，L を $0.001\,\mathrm{mm}$ まで測定するとすれば，M および D はそれぞれどのような精度で測定するのが適切か。また，このとき J〔$\mathrm{g{\cdot}mm^2}$〕の精度はどの程度か。

【6】 方形断面（幅 a，厚さ b）の金属棒を両端単純支持（支持間隔 L）し，中央に錘（すい） W を付加したときの中央のたわみを s とすると，棒のヤング率 E は次式で求められる。

$$E=\frac{L^3W}{4\,ab^3s}$$

いま，$W\fallingdotseq 800\,\mathrm{g}$，$L\fallingdotseq 400\,\mathrm{mm}$，$a\fallingdotseq 20\,\mathrm{mm}$，$b\fallingdotseq 5\,\mathrm{mm}$，$s\fallingdotseq 0.6\,\mathrm{mm}$ である。E を 1 %の精度で求めるには各量はそれぞれどのような精度で測定しておかなければならないか。

【7】 二つの量 x, y の関係が $y=\alpha+\beta x$ である場合に，x を変化して y を測定したところ**問表 3.2** の結果を得た。最小二乗法を用いて α, β の最確値を求めよ。

問表 3.2

x	100	200	300	400	500	600	700	800	1 000
y	402	404	406	407	409	412	415	416	418

【8】 (x, y) の関係を実験的に求めたところ，つぎのような結果を得た。

(1.0, 1.7) (2.0, 2.5) (3.0, 4.2) (4.0, 5.8) (5.0, 6.8)
(6.0, 8.5) (7.0, 9.6) (8.0, 11.2) (9.0, 13.3) (10.0, 14.3)

1) x, y の関係を $y=ax+b$ で最小二乗回帰し，a, b を求めよ。

2) また，x, y の関係を $y=\alpha x$ で最小二乗回帰し，α を決定せよ。

4

計測システムとシステム解析

計測システム（系）（measurement system, instrumentation system）は計測の対象や目的によってさまざまな形態を持っている。しかし，いずれの計測システムでも，測定対象の持っているいろいろな情報を，各種センサを用いて扱いやすいほかの物理量に変換し，これを信号として情報を伝送したり，信号処理を行って制御装置などに制御信号を送り，目的に応じて利用するとともに，情報を表示したり記録を行っている。このように，計測システムを信号の流れという観点からみれば，情報の検出，変換，信号処理，伝送，表示などの共通した部分から成り立っていることがわかる。そこで，本章では計測システムを信号の流れに注目してとらえ，信号の解析，処理方法を述べるとともに，計測システムの特性について述べる。

4.1 計測システムの基本構成

計測システムはその目的により多種多様な形態を持っている。ここでは典型的な計測システムの構成図を**図 *4.1*** に示す。

情報源（測定対象）の持っている各種情報を検出部により機械的信号や電気信号として検出し，多くの場合まず電気信号に変換したのち，増幅，フィルタリングなどのアナログ信号処理を行う。最終的に得られた信号は表示部に出力・記録されたり，フィードバック制御系の制御信号として用いられるが，最近ではさらに A–D 変換したのち，コンピュータなどでディジタル信号処理を施して用いることも多い。

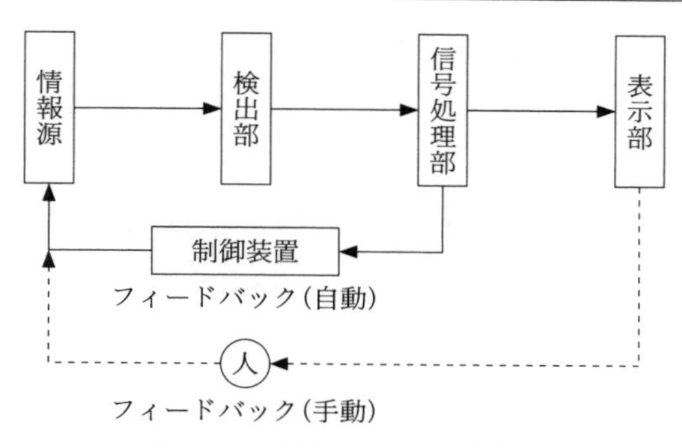

図 4.1 計測システムの構成図

4.1.1 情　報　源

情報源（information source）である測定対象はいろいろな種類の多くの情報を持っている。この情報すべてが必ずしも必要なわけではなく，計測の目的を達成するのに最も有効で重要な測定量を選び出す必要がある。例えば，部屋の温度制御を行う場合には，情報源である部屋の空気には温度，湿度，気圧，組成，空気の流れなど多くの情報が含まれているが，このうち温度が最も必要な情報であるので，これが測定量となる。

4.1.2 検　出　部

測定量を，伝送やあとの処理が容易な情報に**変換**（conversion）する部分を**検出部**（detector）† と呼ぶ。検出部からの出力信号は変位，圧力などの機械的信号，電圧，電流などの電気的信号などさまざまである。近年ではアナログ，ディジタル信号処理回路技術の進歩に伴って，容易に各種信号処理を行うことが可能で，かつ伝送に有利な電気的信号に変換することが多い。

情報の変換にはさまざまな物理法則や物理効果を用いるが，同じ量を変換するにも多くの方法がある。このため，計測の目的に従って必要とされる変換精度や測定器の設置条件などを考慮して，最適な変換手法を用いなければならな

† 検出の機能を持つ素子を**センサ**（sensor）と呼んでいる。また，信号の変換機能を持つことから変換器，**トランスデューサ**（transducer）と呼ぶこともある。

い。この点については5章で詳述するので参照されたい。

4.1.3 信号処理部

検出部で変換された信号のレベルを調整するために，拡大・縮小や，増幅・減衰を行う部分を**信号処理部**（signal processor）と呼ぶ。前述のように信号としては多くの場合，電気信号が用いられるので，以下では電気信号の処理について述べる。

信号処理部では増幅・減衰のみでなく，フィルタリングや演算処理により，必要な情報の抽出や雑音除去などを行い，測定結果や制御信号などを得る。基本的に検出される信号は連続量（アナログ信号）であるが，最近では信号をA-D変換し，ディジタル回路やコンピュータを用いて処理するディジタル信号処理部も多く用いられている。

4.1.4 表示部

検出部，信号処理部によって得られた測定情報を測定者に伝える部分を**表示部**（indicator）と呼ぶ。この部分は計測機器と人間とのインタフェースといえる。表示装置や記録装置にもアナログ方式とディジタル方式がある。

4.1.5 制御装置

信号処理部から出力される制御信号を用いて，情報源の状態を制御する部分を**制御装置**（controller）と呼ぶ。多くの場合，目標値と測定値の差（偏差）を演算して制御に利用する（フィードバック制御方式)。フィードバック制御の手法としては**自動的に行う方法**（automatic feed back）と，**手動により行う方法**（manual feed back）がある。

4.1.6 信号伝送

測定対象と信号処理部などが離れた位置にある場合には，検出した信号を長距離伝送する必要がある。これを**信号伝送**（signal transmission）という。最も簡単な方式は検出信号を直接次段の処理に伝送する直送法である。この方法は簡便なことから広く利用されているが，伝送中の抵抗による損失が大きく，また雑音が混入することも多い。

伝送中の損失や雑音の影響を小さくするには，高周波の**搬送波**（carrier wave）に信号を乗せて伝送する方法が用いられる。変調の方法には，**図 *4.2***に示す**振幅変調**（**AM 変調**：amplitude modulation），**周波数変調**（**FM 変調**：frequency modulation），**位相変調**（**PM 変調**：phase modulation）の3方式がある。AM 変調は搬送波に信号を乗算したもので，搬送波の振幅を入力信号の大きさで変調するものである。FM 変調は搬送波の周波数を信号の大きさに比例して変調するものである。また，PM 変調は搬送波の位相を信号の大きさに比例して変調するものである。信号の周波数や伝送経路などにより，これらの方法のうち，適したものを選ぶことになる。

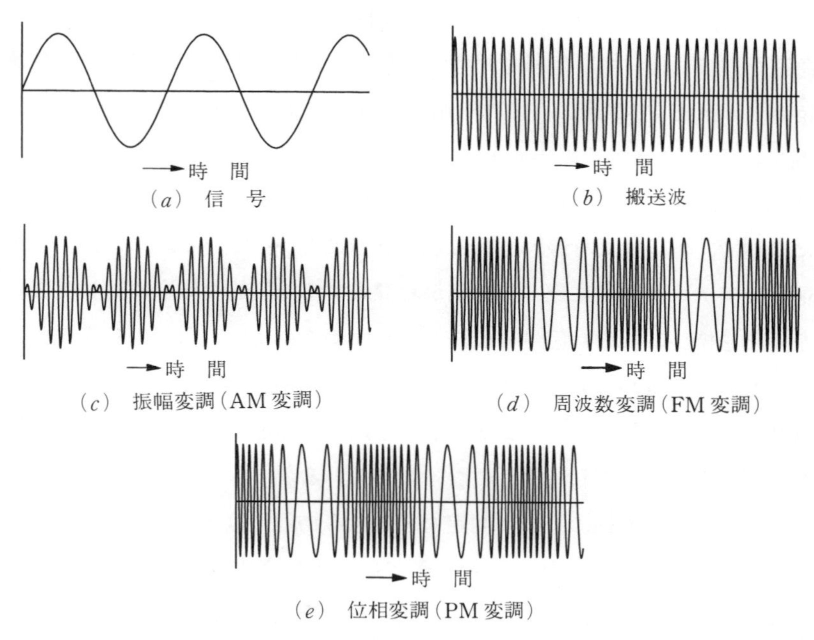

図 *4.2* 各種信号変調方式

4.2　計測システムにおける信号変換

4.2.1　アナログ信号とディジタル信号

計測の対象となっている長さ，時間，温度，電圧，電流などの一般の物理量は連続した量，すなわち**アナログ量**（analog quantity）であり，これらを変換して得られる信号もまた連続的な**アナログ信号**（analog signal）となる。このアナログ信号に増幅，フィルタリング，演算などのアナログ信号処理を施して制御のための信号を作り出したり，表示や記録を行う。この方法は高速な処理が行えるという特長を持っている反面，異なった処理を行うためにはアナログ演算回路を作り替えなければならず，汎(はん)用性に乏しいという欠点を持っている。

一方，最近のコンピュータやディジタル回路などにみられるディジタル技術の急速な進歩に伴って，信号を離散的な数字の並びで表現した**ディジタル信号**（digital signal）で表現し，これを用いてコンピュータなどでディジタル信号処理を行う方法が多く用いられている。ディジタル信号はコンピュータや**DSP**（digital signal processor）などで処理を行えるため，論理的な演算や記憶に有利で，再現性にも優れているという特長を持っている。また，ディジタル信号はアナログ信号に比べて外部から混入する妨害的な雑音に対して強いという長所を持つ。これは信号の伝送という面からみると，信号の精度を劣化させないという観点から大きな利点となる。この結果，近年では精度，再現性，柔軟性などの面で優れたディジタル信号を用いる処理系を組み込んだ計測器や各種機器が多く用いられるようになってきている。

しかしながら，前述のように測定対象となる物理量は一般にアナログ量であり，これを変換して得られる信号も微弱なアナログ電気信号であることが多い。このため，ディジタル信号として処理を行うためには，アナログ信号からディジタル信号への変換が必要になる。また，処理後の信号を用いて各種アクチュエータなどのアナログ制御機器を駆動したり，アナログディスプレイに結果を表示したりする場合には，処理後のディジタル信号を，再びアナログ信号に変換する必要がある。

この一連の信号の流れを**図 *4.3*** に示す。図中の**インタフェースユニット**（interface unit）にアナログ信号からディジタル信号に変換する **A-D 変換器**（analog to digital converter），および逆の変換を行う **D-A 変換器**（digital to analog converter）が含まれている。アナログ信号処理では，制御機器などが必要とする諸元（例えば電圧レベル，波形など）のアナログ信号を得るための処理を行う。これに加えて，雑音除去を目的としたフィルタリングや，A-D 変換器で変換できる入力信号の最大幅である**ダイナミックレンジ**（**帯域幅**：dynamic range）を最大限に使うための増幅など，ディジタル信号処理のための前段処理も行われる。

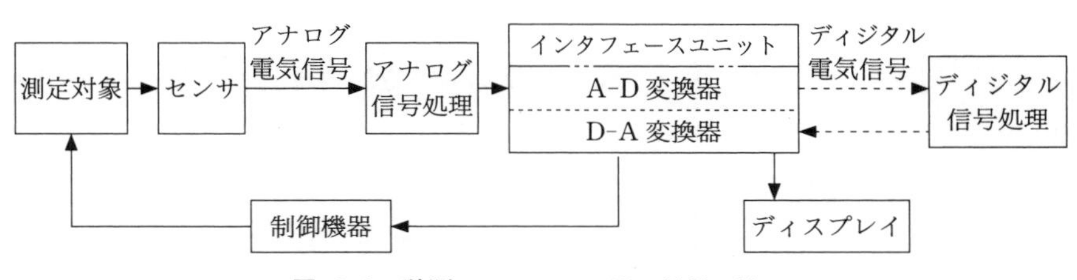

図 *4.3* 計測システムにおける信号の流れ

4.2.2 アナログ信号処理

センサから得られるアナログ電気信号は一般に微弱なものであり，いろいろな信号処理や伝送を行うためには信号を増幅しなければならない。また，センサ出力には不必要な雑音が含まれており，演算回路やフィルタ回路を用いて，これを除去する必要がある。アナログ信号処理には増幅，フィルタ処理のような**線形処理**（linear processing）と，二乗処理，乗算処理のような**非線形処理**（nonlinear processing）がある。以下では基本的なアナログ信号処理法を線形処理と，非線形処理に大別して簡単に紹介する。

〔*1*〕 **線 形 処 理**

***1*）増　　幅**　センサからの出力信号は一般には微弱な電気信号であ

ることが多く，これを伝送あるいはA-D変換するためには適切なレベルに**増幅**（amplification）しなければならない。また，逆に信号が大きすぎる場合には減衰させなければならない。特にセンサからの信号をA-D変換し，ディジタル信号処理する場合には，後述の量子化誤差を小さくするために信号振幅がA-D変換器のダイナミックレンジを最大限に活用できるまで増幅する必要がある。

増幅回路としては**演算増幅器**（**OP アンプ**：operational amplifier）を用いたものが広く用いられている。OP アンプの回路は差動アンプが基本になっており，**図 4.4** に示すように**正相入力**（noninverting input，**非反転入力**）V_+，**逆相入力**（inverting input，**反転入力**）V_-，および出力 V_o の3端子からなる。このとき，出力は回路の増幅度を G とすれば

$$V_o = G(V_+ - V_-) \qquad (4.1)$$

となる。理想的な完全なOP アンプは以下のような特性を持っている必要がある。

1） 増幅度が無限大である。
2） 差動および同相入力インピーダンスが無限大である。
3） 帯域幅がDCから無限大周波数までである。
4） 出力インピーダンスが0である。
5） 電力効率が100％である。
6） 雑音がなく，入力が0のとき，出力も0となる。

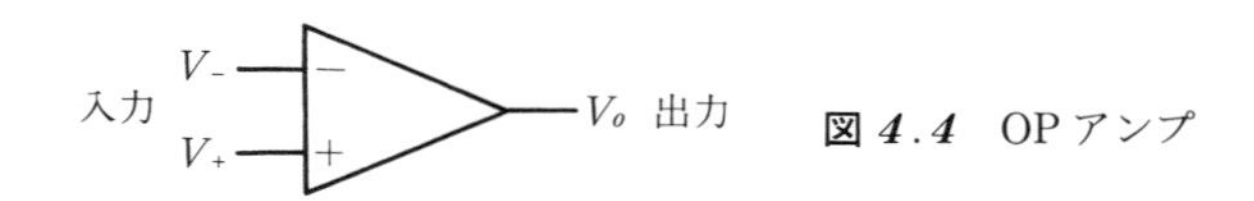

図 4.4　OP アンプ

実際のOP アンプではこれらの条件を完全に満たすものではないが，これに近い特性を持つ汎用OP アンプが設計されている。特別にある特性が厳しく要求される場合には，専用のOP アンプを用いる必要があるが，一般の場合には汎用OP アンプを用いる。

図 4.5 に同相アンプ（非反転アンプ），逆相アンプ（反転アンプ），差動ア

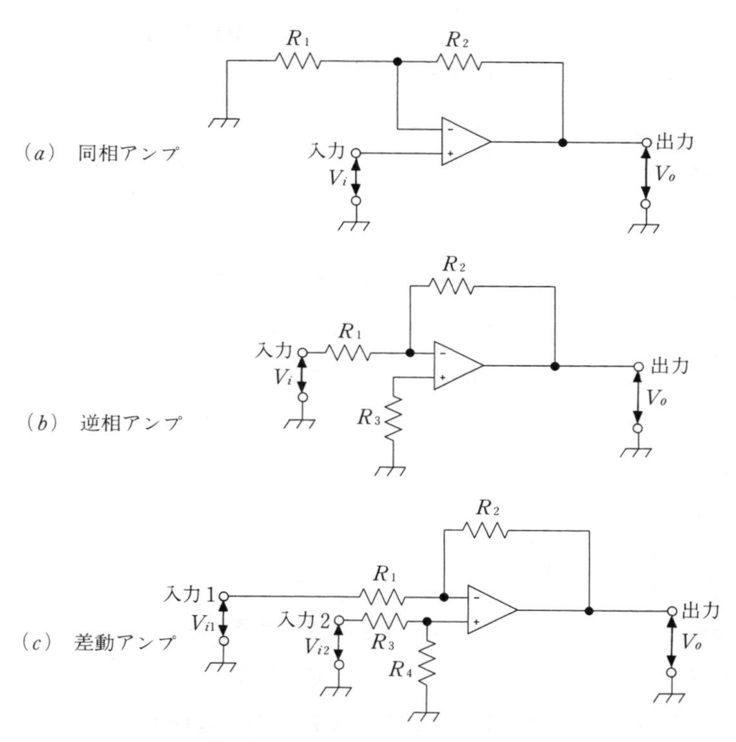

図 4.5 OP アンプによる増幅回路

ンプを示す。

図(a)の同相アンプでは，出力電圧 V_o は入力電圧を V_i とすると

$$V_o=\left(1+\frac{R_2}{R_1}\right)V_i \tag{4.2}$$

となる。同相アンプは，1）入力信号と同じ極性でインピーダンスの低い出力が得られる，2）入力インピーダンスを高くできる，3）非反転の出力が**ブートストラップ**（bootstrap）† に使える，などの特徴を持っている。一方，入力信号が電圧に限られるので，入力のダイナミックレンジが狭いなどの短所がある。また，$R_1=\infty$ として増幅度を1にした回路を**電圧ホロワ**（voltage

† 電子回路において，ある基準点の電圧を信号電圧に応じて変える方法をブートストラップという。

follower）と呼ぶ。汎用 OP アンプを用いて数百 MΩ の入力インピーダンスと 1 Ω 以下の出力インピーダンスを持つ，ダイナミックレンジの広い回路を簡単に作ることができる。

図（b）の逆相アンプの入出力関係は

$$V_o = -\frac{R_2}{R_1} V_i \tag{4.3}$$

と表され，入力と逆の極性の出力が得られる。増幅度は回路中の 2 個の抵抗比で決まり，比較的簡単に安定した増幅回路を作ることができる。また，入力インピーダンスは R_1 に等しくなり，低い値にすることができる。このため電流入力形として使用可能である。

図（c）に示す差動アンプは正逆双方に入力を加えるもので，出力電圧は $R_2/R_1 = R_4/R_3$ ならば

$$V_o = \frac{R_2}{R_1}(V_{i2} - V_{i1}) \tag{4.4}$$

と表され，正相入力 V_{i2} と逆相入力 V_{i1} の差に比例する。このため二つの入力信号の差信号を取り出すことができる。なお，差動アンプでは増幅度などに加えて，同相入力の除去能力を表す**同相入力弁別比**（**CMRR**：common mode rejection ratio）を考慮しなければならない。一般に差動アンプでは CMRR は十分大きな値にとられており，差動入力成分に対しては大きなゲインを持つが，同相成分に対してはゲインが小さい。この性質を利用して伝送による雑音を除去する回路などにも使われている。

2）　**積分処理と微分処理**　　逆相アンプを用いた基本的な**ミラー積分回路**（Miller integrating circuit）を**図 *4.6*** に示す。これは逆相アンプの負帰還ル

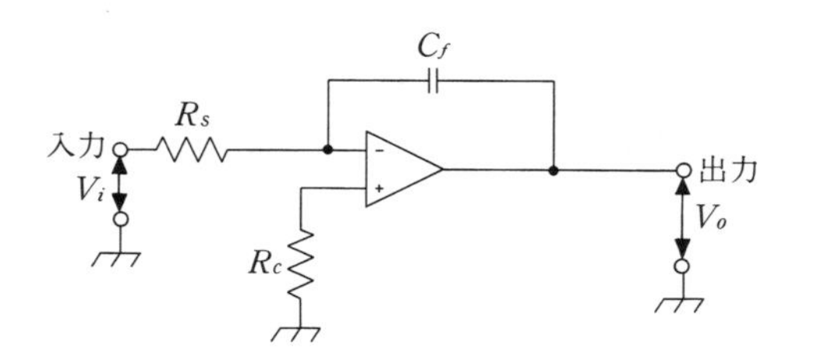

図 *4.6*　積 分 回 路

ープ中に積分コンデンサ C_f を配置したものである。

この回路の出力電圧 V_o は

$$V_o = -\frac{1}{C_f R_s}\int_0^t V_i\,dt \tag{4.5}$$

となる。これは一次アクティブローパスフィルタ† と考えることができ，インパルス応答が方形関数であるフィルタに相当している。これにより，高い周波数の不規則雑音などを取り除くことができる。これを**積分処理**（integrating process）と呼ぶ。

OP アンプを用いた**微分回路**（differentiating circuit）を**図 4.7** に示す。これは逆相アンプの入力抵抗をコンデンサ C_s にしたものである。この回路で

$$R_s C_s = R_f C_f \tag{4.6}$$

とすれば

$$f = \frac{1}{2\pi C_s R_s} \quad \text{〔Hz〕} \tag{4.7}$$

以下の周波数で，出力は

$$V_o = -C_s R_f \frac{dV_i}{dt} \tag{4.8}$$

となる。これを用いれば，入力信号の急激な変化の検出や，ピーク位置の検出などが可能である。これを**微分処理**（defferentiating process）と呼ぶ。

3）フィルタ　**フィルタ**（filter）は周波数により信号成分を選択する回路であり，その特性により以下のように分類できる。

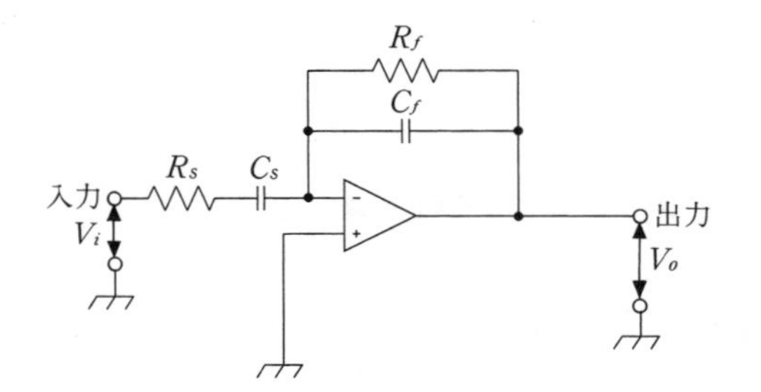

図 4.7　微分回路

† アクティブフィルタ：自身の回路内にエネルギー源を持つフィルタ。RCL フィルタなどのようにエネルギー源を持たないものをパッシブフィルタと呼ぶ。

(1) ローパスフィルタ (LPF：low pass filter，低域フィルタ)

カットオフ周波数 (cut-off frequency，**遮断周波数**) f_c 以下の成分を通過させるフィルタで，周波数領域における特性は**図 4.8** のようになる。カットオフ周波数は出力がフラットレベルより 3 dB[†1] 低下する周波数をとる。また，遮断特性のよさは減衰傾度で表し，通常，周波数が 2 倍になったときの減衰量〔dB/oct〕[†2]，また周波数が 10 倍になったときの減衰量〔dB/dec〕[†3] で表す。

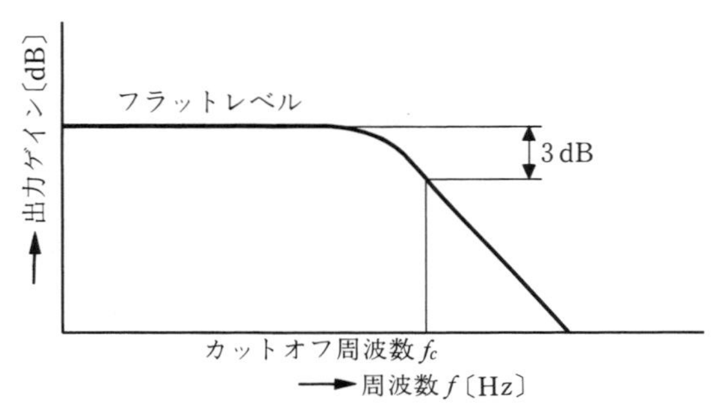

図 4.8　ローパスフィルタの周波数特性

OP アンプを用いたアクティブ LPF の一例を**図 4.9** に示す。なお，アクティブ LPF には通過帯域の振幅レスポンスが最も平たんな**バターワースフィルタ** (Butterworth filter)，f_c 付近の位相変化が最も平たんな**ベッセルフィルタ**

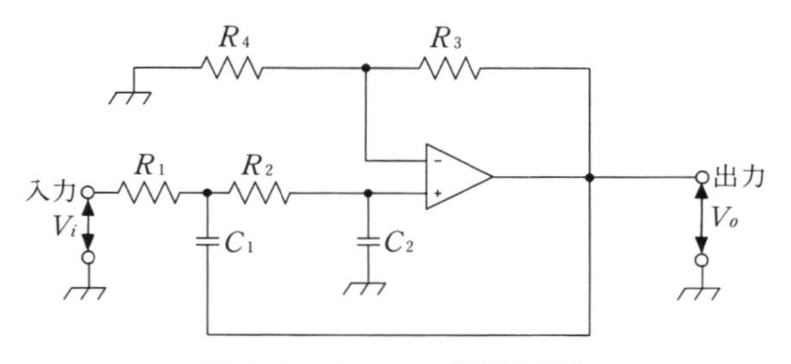

図 4.9　アクティブ LPF 回路

---

†1　dB：デシベル。電圧，電力などの比，利得，減衰などを表す指標。電圧の比の場合は $20\log(V_1/V_2)$〔dB〕，電圧の 2 乗に比例する電力の場合は $10\log(P_1/P_2)$〔dB〕と表される。

†2　oct：octave。オクターブ。

†3　dec：decade。ディケード。

(Bessel filter)，およびf_c付近の遮断特性が最もよい**チェビシェフフィルタ**(Chebyshev filter) があり，所要の遮断特性に応じて使われる。

LPF は雑音信号を含んだ信号からの高周波信号除去や，後述する A-D 変換におけるアンチエリアシングなどの目的で用いられる。

(2) ハイパスフィルタ (**HPF**：high pass filter，**高域フィルタ**)

カットオフ周波数f_c以上の成分を通過させるフィルタで，周波数領域における特性は**図 4.10** のようになる。カットオフ周波数および遮断特性の表示方法は LPF と同様である。また，LPF と同じく遮断特性に応じてバターワース，ベッセル，チェビシェフの 3 種類が適宜用いられている。OP アンプを用いたアクティブ HPF の一例を**図 4.11** に示す。

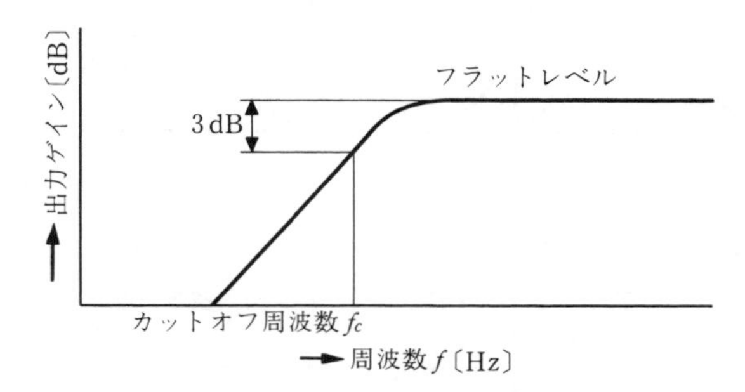

図 4.10 ハイパスフィルタの周波数特性

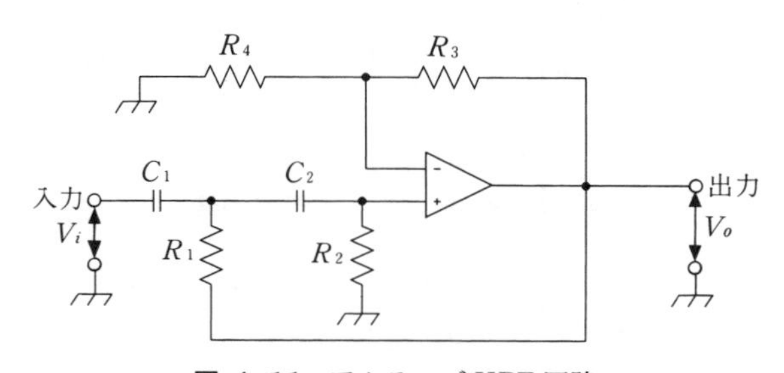

図 4.11 アクティブ HPF 回路

HPF は信号に含まれる直流成分や低周波雑音の除去のために用いられる。

(3) バンドパスフィルタ (**BPF**：band pass filter，**帯域フィルタ**)

特定の周波数の信号のみを通過させるフィルタで，その周波数領域における特性は**図 4.12** に見るように単峰形特性と広帯域形特性になる。帯域幅は，中心周波数におけるレベルより 3dB だけレベルが低下する周波数 f_H と f_L の幅（$f_H - f_L$）で表す。OP アンプを用いたアクティブ BPF には，リードラグ，ウィーンブリッジ，ツイン T，ブリッジド T，シミュレーテッドインダクタ，多重帰還などの方式がある。アクティブ BPF の一例として，多重帰還形アクティブ BPF を**図 4.13** に示す。

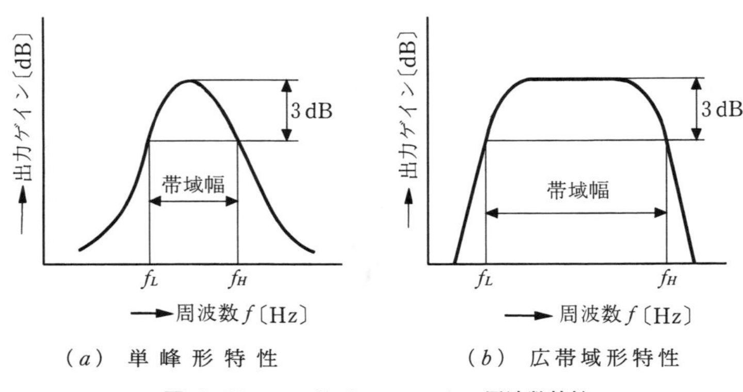

図 4.12　バンドパスフィルタの周波数特性

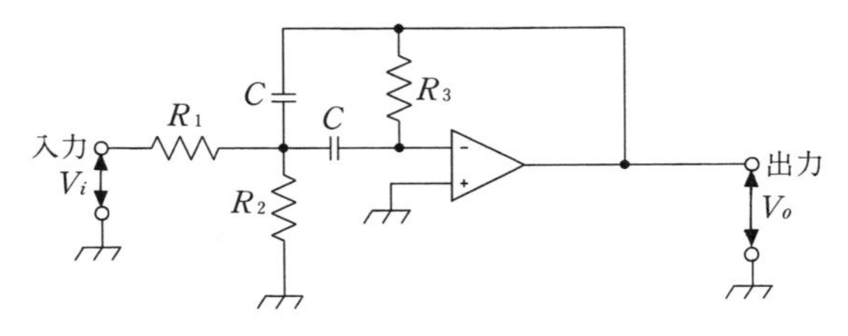

図 4.13　アクティブ BPF 回路

BPF は必要とする信号の周波数がわかっているときに，入力信号から必要な信号成分のみを抽出するなどの目的で用いられる。

（4） バンドエリミネートフィルタ（**BEF**：band eliminate filter，**帯域消去フィルタ**）　特定の周波数の信号のみを除去するフィルタで，その周波数領域における特性は**図 4.14** のようになる。帯域幅は BPF と同じく，中心周波数におけるレベルより 3dB レベルが低下する周波数の幅（$f_H - f_L$）で表す。

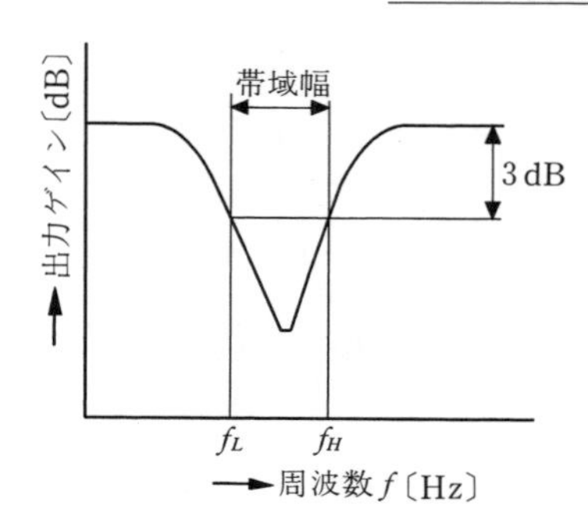

図 4.14 バンドエリミネートフィルタの特性

OP アンプを用いたアクティブ BEF には，ウィーンブリッジ，ツイン T，共振ブリッジなどの方式がある。アクティブ BEF の一例として，ツイン T 形アクティブ BEF を**図 4.15** に示す。

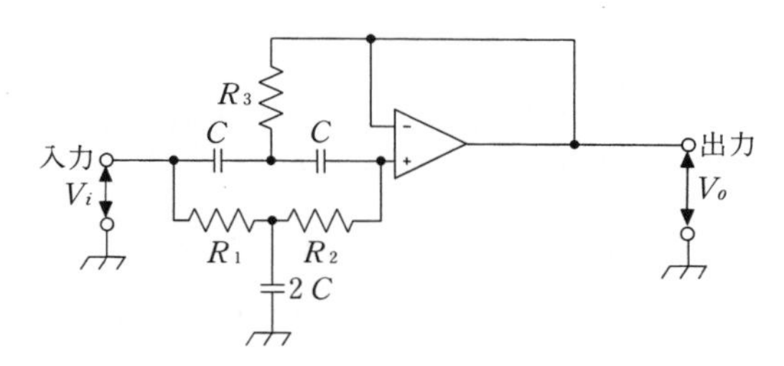

図 4.15 アクティブ BEF 回路

BEF は電源から混入するハム雑音などのように，雑音成分の周波数がわかっている場合にこれを除去する目的などで用いられる。

〔2〕 非線形処理

***1*）乗算処理，除算処理**　二つの入力信号の積を演算する回路を**乗算回路**（multiplier）といい，記号は**図 4.16** のように書く。その入出力の関係は，入力信号を V_1, V_2，出力信号を V_o とすれば

$$V_o = KV_1V_2 \tag{4.9}$$

と表される。ただし，K はスケールファクタといい，回路による定数である。乗算回路としてはホール素子を用いる方法，対数アンプを用いる方法などがある。二つの異なる周波数の正弦波を入力した場合には，入力した周波数の和と差の周波数の信号が出力される。これにより信号の周波数を変換することがで

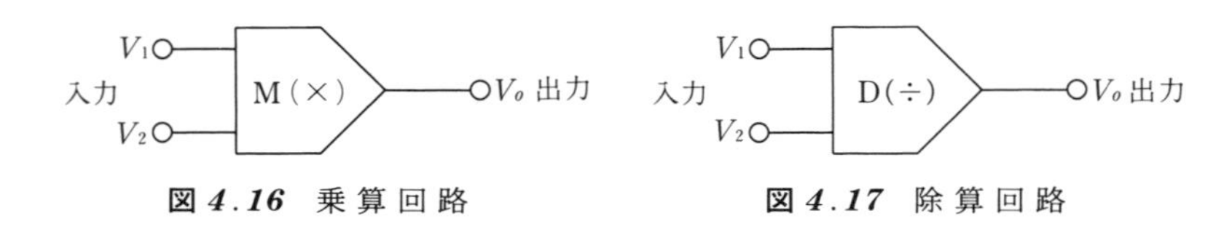

図 4.16　乗算回路　　　**図 4.17**　除算回路

きる。また，搬送波となる正弦波と，信号成分の乗算処理を行えば AM 変調を行うことができる。

乗算回路の 2 入力に，まったく同じ信号を入力すれば二乗演算処理ができる。

二つの入力信号の除算を行う回路を**除算回路**（divider）といい，記号は**図 4.17** のように書く。その入出力の関係は

$$V_o = K\frac{V_2}{V_1} \tag{4.10}$$

と表される。除算回路としては対数アンプを用いる直接方式と，乗算回路を用いる間接方式がある。

2）　**レベルコンパレータ**　　**レベルコンパレータ**（level comparator）は二つの電圧入力のレベルを比較し，その大小を判定結果として出力する回路で，出力は high，low の 2 値である。すなわち，1 ビットの A-D 変換器と考えることができる。

最も簡単なレベルコンパレータは**図 4.18** に示す OP アンプを開ループで用いたものである。正逆入力の一方に基準電圧 V_T を加え，他方に比較する入力信号 V_i を加える。これにより，基準電圧を**しきい値**（threshold）として，これより高い信号あるいは低い信号を弁別することができる。

また，基準電圧を 0 V にすれば，入力が 0 V になる位置を検出する**ゼロクロッシングディテクタ**（zero crossing detector，**計数形検波器**）になる。これ

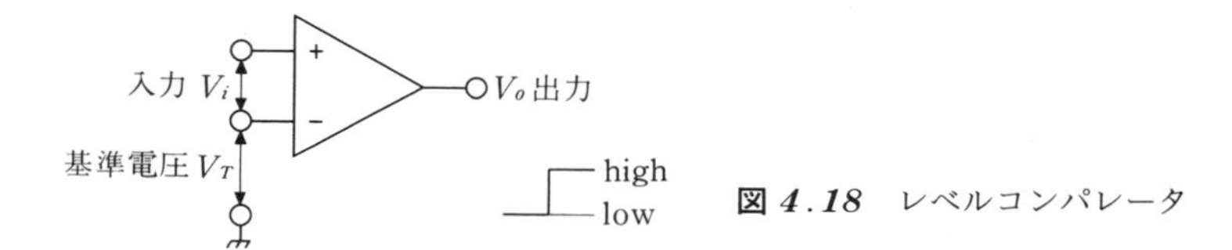

図 4.18　レベルコンパレータ

を用いれば正弦波から位相ずれのない方形波を作ることができる。

〔*3*〕 **ロックインアンプ** 測定対象から得られる信号は微弱な直流信号であることが多い。このときには，この直流信号を直接増幅するのではなく，直流信号で搬送波に変調を加え，これを交流増幅器で増幅し，復調する方法がよく用いられる。変調は直流信号を取り込んで電気的に行われる場合と，周波数の異なる光の干渉により得られるビート信号を検出する光ヘテロダイン法のように測定量自体に変調をかける場合がある。変調増幅方式を用いることにより，ゲインの高い直流増幅器は安定性が劣るという欠点を克服することができるとともに，測定信号成分を一定量（搬送周波数）だけ高周波側に変換することにより雑音と区別し，SN 比を飛躍的に向上することができる。

一般に雑音電力は処理を行っている周波数帯域に比例する。このため，変調をかけた効果を有効に利用し，雑音の影響を最小にして信号成分を検出するには，搬送波周波数のきわめて近傍のみを通過させるような高性能の BPF を実現することが必須となる。この目的で用いられているのが**ロックインアンプ**（lock-in amplifier）である。

ロックインアンプの基本的な構成図を**図 *4.19*** に示す。周波数 f の搬送波を直流に近い低周波の信号 $s(t)$ で振幅変調した信号を入力信号とする。また，実際の入力信号 $u_i(t)$ にはこの変調波のほかに，帯域幅の広い雑音 $n(t)$ が含まれるため

$$u_i(t)=s(t)\cos(2\pi ft+\phi)+n(t) \tag{4.11}$$

となる。これを交流増幅器で増幅したのち，**位相検波回路**（**PSD**：phase sensitive detector）に入力する。

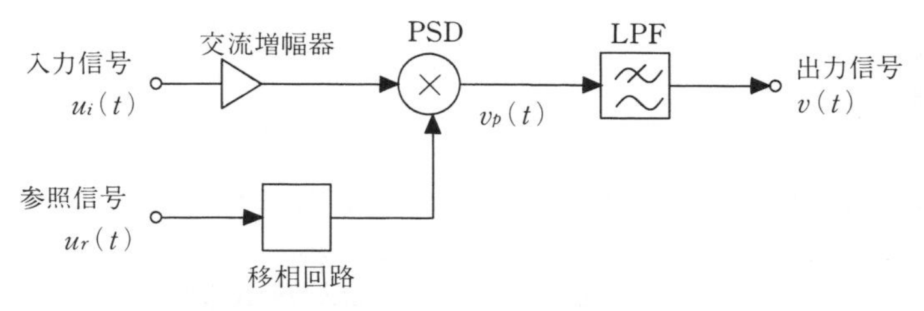

図 *4.19* ロックインアンプのブロック図

一方，変調波と同じ周波数の参照信号 $u_r(t)$

$$u_r(t)=\cos(2\pi ft+\phi_r) \tag{4.12}$$

を PSD に入力すると，PSD は入力信号と参照信号の乗算回路と考えられるから，PSD からの出力信号 $v_p(t)$ は

$$\begin{aligned} v_p(t) &= \{s(t)\cos(2\pi ft+\phi)+n(t)\}\cos(2\pi ft+\phi_r) \\ &= \frac{1}{2}s(t)\cos(4\pi ft+\phi+\phi_r)+\frac{1}{2}s(t)\cos(\phi-\phi_r) \\ &\quad +n(t)\cos(2\pi ft+\phi_r) \end{aligned} \tag{4.13}$$

となる。PSD 出力の周波数領域におけるスペクトルは入力信号と参照信号のスペクトルの畳込み† となり，それぞれの和と差の周波数の信号として出力される。したがって，検出すべき低周波の信号は同期成分としてほぼ直流に近い信号に，また雑音による非同期成分は交流信号に変換される。交流成分を LPF で除去すれば，参照信号に同期した成分のみを検出することができ，式(4.13)の第 2 項のみがロックインアンプ出力として得られる。すなわち，出力信号 $v(t)$ は

$$v(t)=\frac{1}{2}s(t)\cos(\phi-\phi_r) \tag{4.14}$$

となる。さらに，参照信号の位相 ϕ_r を**移相回路**（phase shifter）により調節し，$\phi-\phi_r=0$ とすれば $v(t)=\frac{1}{2}s(t)$ となり，必要とする低周波信号のみを得ることができる。

ロックインアンプの雑音除去能力は LPF の帯域幅により決定する。LPF の帯域幅はきわめて狭くすることができるため，非常に高い感度で直流信号を検出することができる。

---

† **畳込み**（convolution）：二つの関数 $f(x)$，$g(x)$ が与えられたとき

$$h(x)=\int_{-\infty}^{\infty}f(x-y)g(y)\,dy=\int_{-\infty}^{\infty}f(y)g(x-y)\,dy$$

を f と g の畳込みという。時間領域での信号の積は周波数領域ではスペクトルの畳込みとなる。

4.2.3　ディジタル信号処理

ディジタル信号処理における一般的な信号の流れを**図 4.20** に示す。アナログ信号処理部において前処理された信号を，サンプリング回路，ホールド回路，A-D 変換器を用いて時間軸（横軸）と振幅値（縦軸）両方の離散化を行い，ディジタル信号に変換する。このディジタル信号をパソコンなどのディジタルプロセッサに入力し，雑音除去やフーリエ変換などのディジタル信号処理を行う。結果として得られるディジタル信号を，D-A 変換器で再びアナログ信号に変換し，アナログ機器で用いることになる。

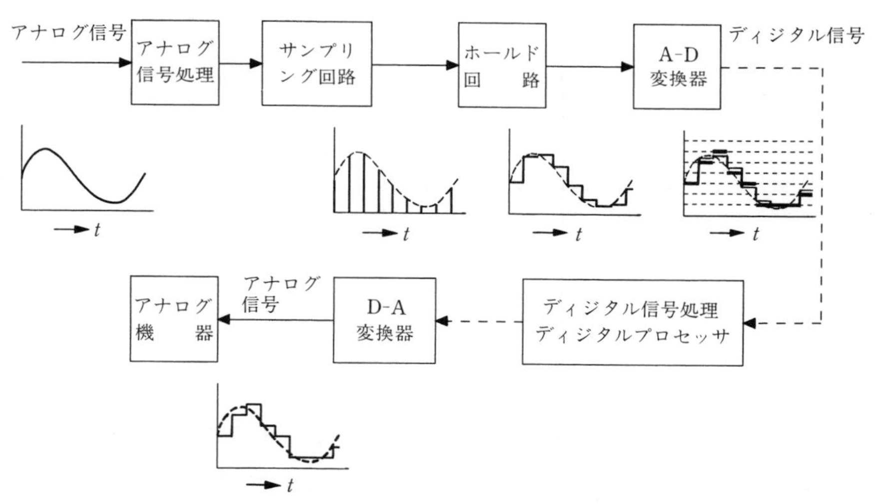

図 4.20　ディジタル信号処理における信号の流れ

〔*1*〕 **サンプリング**　時間的に連続なアナログ信号をすべてディジタル信号に変換しようとすれば，データ数が無限個になってしまうため，コンピュータでこのようなデータを扱うことは不可能である。また，A-D 変換処理も瞬時に行われるわけでなく，有限な変換時間を必要とする。そこで，連続なアナログ信号からある一定な時間間隔ごとの信号値を取り出して，時間的に離散化された信号列を作り出さなければならない。このような時間的な離散化を行う操作を**サンプリング**（sampling，**標本化**）と呼ぶ。また，A-D 変換に要する時間内に**サンプル値**（標本値）が変動しないように，これを短時間保持する必要があり，通常は**サンプリング回路**（sampling　circuit）と**ホールド回路**（hold circuit）が直列的に用いられる。

連続的なアナログ信号を一定な時間間隔（サンプリング間隔）でサンプリングすれば，サンプリングとつぎのサンプリングの間にもアナログ信号の振幅値は変化しているため，サンプリング後の信号と元のアナログ信号の間には差異が生じる。これが**図 *4.21*** に示す**標本化誤差**（sampling error）で，その後の信号処理にそのまま誤差として影響を及ぼすことになる。

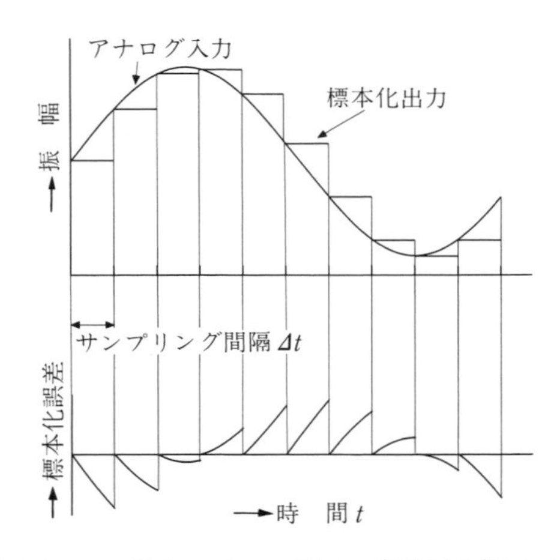

図 *4.21*　標本化誤差

当然のことながら，サンプリング間隔を短くすればするほど，時間軸の離散化を微細に行うことができ，高周波のアナログ信号変化も忠実にサンプリングできるので，標本化誤差も小さくすることができる。しかし，サンプリング間隔を短くするためには A-D 変換の高速化が必要であり，さらに一定時間に対するディジタル化したデータの数はサンプリング間隔に反比例して増大していく。A-D 変換の高速化には技術的に限界があり，また，ディジタル化したデータを記憶しておくメモリー容量にも限界がある。そこで，できるだけサンプリング間隔を長く，すなわちサンプリング後のデータ数をできるだけ少なくし，かつ，元のアナログ信号に含まれている情報が失われないような方法でサンプリングを行うことが求められる。これを実現するための基準となるのが，つぎに示す**サンプリング定理**（sampling theorem）である。

定理 4.1 （サンプリング定理）

信号に含まれる最も高い周波数を f_c〔Hz〕とすれば，$\Delta t \leqq 1/(2f_c)$〔s〕以下のサンプリング間隔でサンプリングされた値には元の信号の情報はすべて含まれている。

すなわち，このサンプリング定理を満たすようにサンプリングした信号列からは元の信号波形を完全に再生することができる。このことを周波数領域におけるスペクトル（spectrum）を用いて説明しよう。

アナログ信号波形 $x(t)$ をサンプリング間隔 Δt でサンプリングした信号列の振幅スペクトルを模式的に**図 4.22** に示す。図(a)のようにサンプリングすると，サンプリングされた信号列のスペクトルには元のアナログ信号の持つスペクトル（図(b)）がサンプリング周波数 $f_s=1/\Delta t$ の整数倍のところに繰り返し現れる（図(c)～図(e)）。また，これらのスペクトルは $f_n=1/(2\Delta t)=f_s/2$ の整数倍の周波数のところで折り返すことによって重ね合わせることができる。この周波数 f_n のことを**ナイキスト**（Nyquist）**の折返し周波数**と呼ぶ。

サンプリング定理で与えられる時間間隔より十分短い時間間隔でサンプリングした場合（**オーバサンプリング**（over sampling）と呼ぶ）には，図(c)に示すように繰り返しのおのおののスペクトルは完全に分離されている。このようなときには，適当な LPF を用いることにより，元のアナログ信号成分に対応したスペクトルのみを取り出すことができる。すなわち，サンプリング後のデータに元の信号情報がすべて含まれており，このデータから元の信号波形を完全に再生することができる。

つぎに，サンプリング間隔を順次長くしていくと，サンプリング周波数は順次低下していくため，繰返しのおのおののスペクトルはたがいに近づいてくる。図(d)に示すように $\Delta t=1/(2f_c)$ のときには，おのおののスペクトルがちょうどつながった状態となる。このときには，図(d)に示すような周波数 f_c

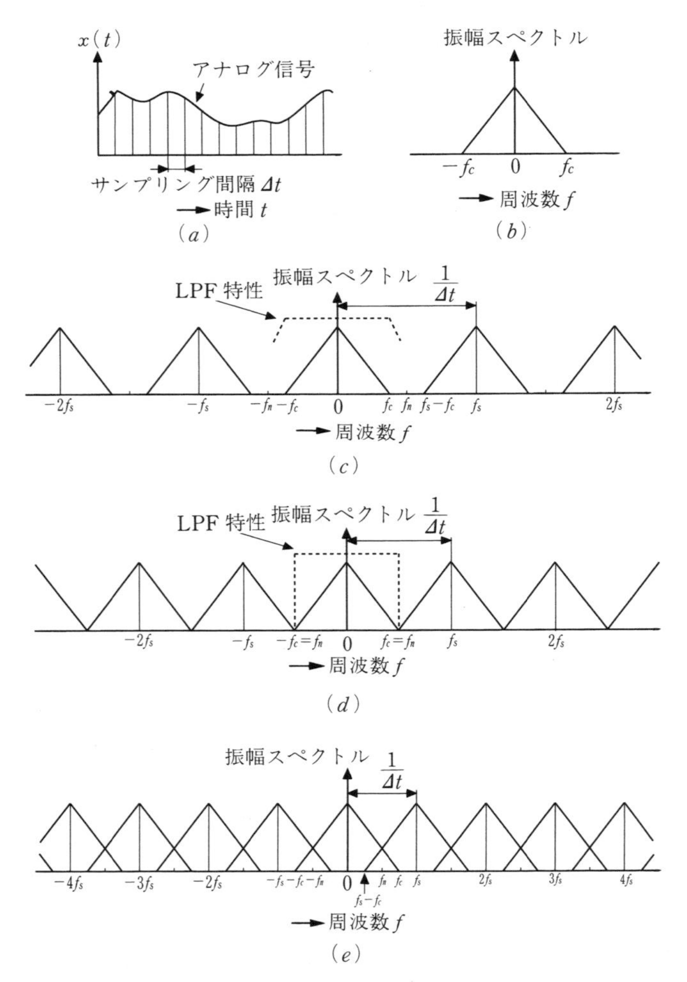

図 4.22　サンプリング波形の振幅スペクトル

のところで急峻なカットオフ特性を持つ LPF を用いれば，元の信号をなんとか再現することができる。さらにサンプリング間隔を長くし，サンプリング定理で与えられる間隔より長い時間間隔でサンプリングした場合（**アンダサンプリング**（under sampling）と呼ぶ）には，図(e)に示すように繰り返すおのおののスペクトルはたがいに重り合うことになる。このため得られるスペクトルは元の信号波形のスペクトルとは異なったものとなるから，もはや元の信号を再現することは不可能となる。このように，不適切なサンプリングを行うと元のアナログ信号の高周波側スペクトルの一部が低周波側に折り返される結果，サンプリング後の信号波形は元の波形と異なったものとなる（再現波形に誤差が生じる)。この誤差を**エリアシング**（aliasing）**誤差**と呼ぶ。

エリアシング誤差を生じない条件を与えるのがサンプリング定理で，これに従えば，元の波形情報を失うことなくサンプリングが行える。しかし，実際の波形ではスペクトルが高域にまで広がっており，最高周波数 f_c が明確でない場合が多く，また信号に混入してくる不規則雑音の高域成分によるエリアシング誤差が生じることも多い。これらの影響を取り除くためにはアナログ信号処理の段階でLPF† を用いて高域成分を遮断し，この遮断周波数を信号の最高周波数 f_c としてサンプリング定理からサンプリング間隔を決定する方法が用いられる。

なお，サンプリング定理は理想的なサンプリング条件を提示するものであるから，得られた限界サンプリング間隔でサンプリングすることはほとんどなく，一般にはオーバサンプリングでサンプリングを行うことが多い。

〔*2*〕 **A-D変換**　　サンプリングにより得られたサンプル値は時間的に離散化されたが，振幅値に関しては連続的な値をとるアナログ信号のままである。このままではパソコンなどのディジタルシステムでは扱うことができない。そこで，A-D変換器により振幅値を離散的な値に丸める必要がある。この処理を**量子化**（quantization）という。一般には有限個の離散的な値を有限けたの2進数，すなわち有限ビット（bit）のディジタル量で表現することが多い。例えば，4ビットでは $16(=2^4)$ 個の離散値，8ビットでは $256(=2^8)$ 個の離散値，16ビットでは $65\,536(=2^{16})$ 個の離散値を表現することができる。

量子化の方法としては四捨五入，切上げ，切捨てなどの方法がある。最小量子化幅を q とし，四捨五入により量子化した場合のアナログ入力 $x(t)$ に対する量子化ディジタル出力 $x_d(t)$ の入出力関係を**図 *4.23*** に示す。量子化により

† このLPFを特に**アンチエリアシングフィルタ**（anti-aliasing filter）と呼ぶ。

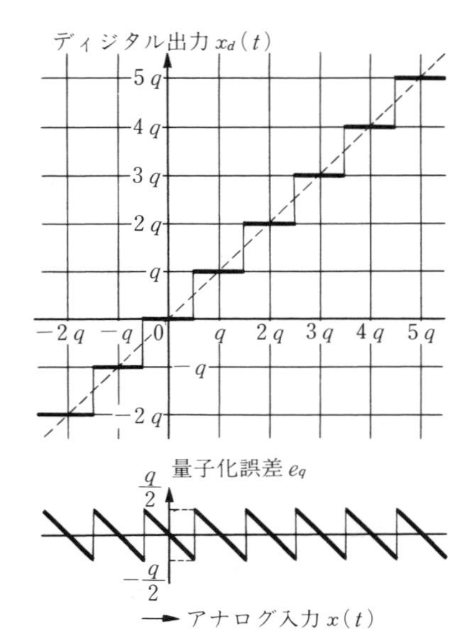

図 4.23　量子化誤差

量子化ステップ幅 q 内の値をすべて一つの値で代表させて近似するため，量子化に伴う誤差が生じる。この誤差は**量子化誤差**（quantization error）と呼ばれ，その値 e_q は

$$e_q = x_d(t) - x(t) \qquad (4.15)$$

で表される。量子化誤差の大きさは図から明らかなように $\pm q/2$ 以内である。

図 4.24 にアナログ信号とそれを量子化したのちの波形，および量子化誤差の一例を示す。量子化誤差は値が $\pm q/2$ の範囲内に分布する不規則信号で，波形は入力されるアナログ波形によって大きく変わり，また不連続波形であるために非常に高い周波数成分を持っている。また，入力アナログ波形の振幅が量子化幅 q に比べて十分大きい場合には，量子化誤差の値は $\pm q/2$ の範囲内でほぼ一様に分布する。すなわち，その確率密度関数 $f(e_q)$ は**図 4.25** で表されるような一様な分布を持つと考えられる。

そこで，このような特徴から量子化誤差を雑音の一種ととらえ，**量子化雑音**（quantization noise）と呼ぶことが多い。量子化誤差の二乗平均値 P_N は

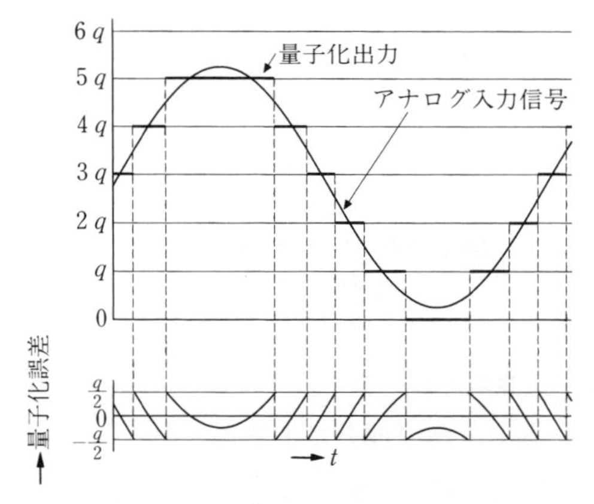

図 **4.24** アナログ信号の量子化と量子化誤差

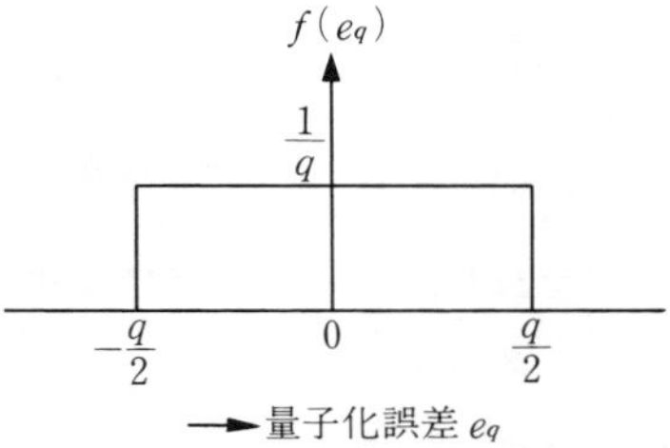

図 **4.25** 量子化誤差の確率密度関数

$$P_N=\frac{1}{q}\int_{-q/2}^{q/2} e_q{}^2 de_q=\frac{q^2}{12} \tag{4.16}$$

となるが，これは雑音成分（誤差成分）の電力に相当する。

つぎに信号成分の電力について考える。最大入力電圧を V とし，これを B ビットの A-D 変換器で量子化する場合，A-D 変換器のダイナミックレンジを最も有効に使うためには

$$V=2^B q \tag{4.17}$$

の関係を満たすように量子化幅 q を決定するか，q が固定されている場合であれば入力信号 V を増幅（または減衰）すればよい。簡単のため，入力信号を式(4.17)の条件を満たすフルスケールレンジの正弦波であるとすれば，信号電力 P_S は

$$P_S=\frac{1}{2}\left(2^B\frac{q}{2}\right)^2 \tag{4.18}$$

となる。

式(4.16)と式(4.18)の比から，B ビットの A-D 変換器の SN 比（signal to noise ratio）の最大値を求めることができる。ただし，量子化雑音と信号成分のパワースペクトルは，一般に図 **4.26** のようである。

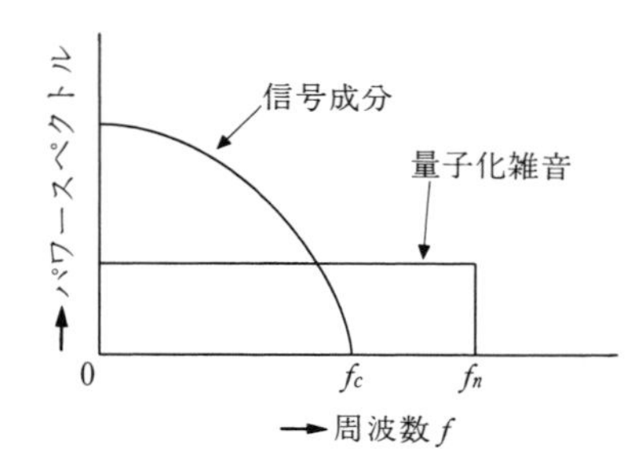

図 4.26　量子化雑音と信号成分のパワースペクトル

すなわち，量子化雑音は不規則雑音と考えられるため，ナイキスト周波数 f_n のところまで均一に分布しているのに対し，信号成分はある周波数 f_c 以下の帯域にのみ分布している。このような場合には，通常 LPF で信号帯域以下の成分のみを取り出して処理を行うので，信号帯域以上の周波数の雑音成分は影響を及ぼさない。したがって，B ビット A-D 変換器の SN 比の最大値は

$$S/N_{\max}=\frac{P_S}{P_N(f_c/f_n)}=\frac{3}{2}2^{2B}\frac{f_n}{f_c} \tag{4.19}$$

となる。特に，前述のサンプリング定理を満たす最も低いサンプリング周波数を用いた場合には $f_n=f_c$ であるから，この場合には dB 値を用いて

$$S/N_{\max}=6B+1.8 \quad \text{〔dB〕} \tag{4.20}$$

となる。すなわち，A-D 変換器のビット数を 1 ビット増やすごとに，SN 比を 6 dB だけ上げることができる。例えば，CD から得られる信号は 96 dB 程度の SN 比を持っているが，この信号を A-D 変換してディジタル信号処理を行うためには，16 ビットの A-D 変換器を用いなければ同程度の SN 比を維持できない。

A-D 変換器にはその変換方式により多くの種類があるが，本書では計測システムの一部として A-D 変換器を取り扱う立場から，その詳細は他書に譲ることとし，代表的な積分形，逐次比較形，並列比較形（フラッシュ形）について特徴を簡単に紹介する。

1）**積　分　形**　　積分形 A-D 変換器の一つである二重積分形の構成図を**図 4.27** に示す。これは入力アナログ信号と基準電圧の積分操作により，入

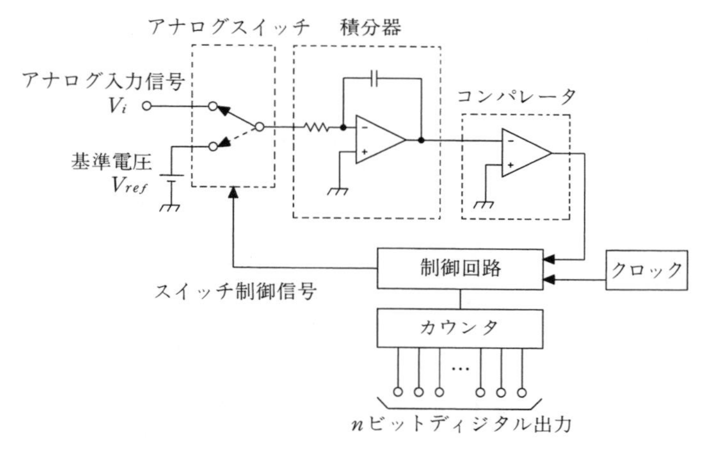

図 4.27 二重積分形 A-D 変換器

力電圧に比例した数のパルスを発生させ，このパルス数をカウンタにより計数してディジタル信号を得る方法である。この方法では比較的容易に 14 ビット程度の精度が得られると同時に，積分効果により高周波の雑音成分を除去することができ，ノイズに強い。一方，変換に要する時間が数 10～数 100 ms と長いうえに，入力電圧値によって変化するので，高速な変換速度が要求されない用途に使われている。

2）逐次比較形　逐次比較形 A-D 変換器の構成図を**図 4.28** に示す。変換速度，精度，コストの点でバランスがとれた方法で，現在最も多く用いられている。D-A 変換器から出力されるバイナリな値を持った電圧と入力電圧をコンパレータで比較し，その結果を逐次比較制御論理回路[†]を通じて D-A 変換器にフィードバックしている。この操作を**最上位ビット**（**MSB**：most significant bit）から**最下位ビット**（**LSB**：least significant bit）まで，ビット数だけ繰り返したのち，逐次比較制御論理回路から出力される信号がディジタル変換値となる。

この方法は化学天秤による質量の測定に例えれば，コンパレータを天秤，D

† 入力の正負によって，1，0 の 2 値を出力する論理回路の一種で，MSB から LSB に至る各けた出力が順番に入力に応じて決定される回路。

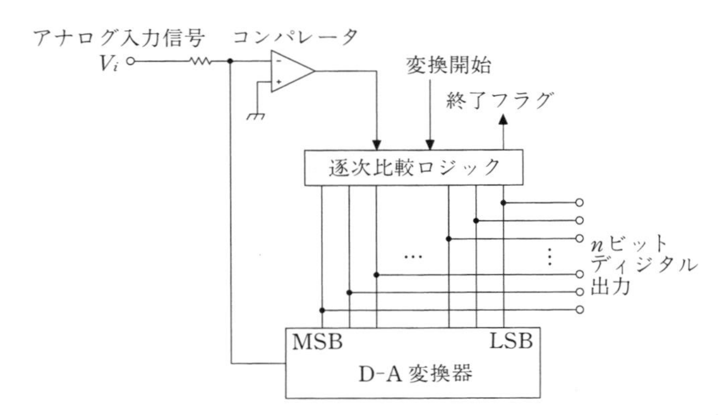

図 4.28　逐次比較形 A-D 変換器

-A 変換器からの出力を分銅，逐次比較制御論理回路を分銅の乗せ換え作業と考えることができる。すなわち，この方法はディジタル的な零位法である。この方法では n 回の操作で n ビットのディジタル値を得ることができるため，比較的高速に A-D 変換を行うことができ，12 ビットの A-D 変換器で変換時間が 10 μs 程度である。現在 8〜16 ビットのものが市販されており，計測の分野でも広く一般に用いられている。

3）　並列比較形　　並列比較形 A-D 変換器の構成図を**図 4.29** に示す。入力信号はすべてのコンパレータに同時に入力され，一度に参照信号と比較されてディジタル値が出力される。この方法は前述の逐次比較形に対比すれば，ディジタル的な偏位法と考えることができる。変換時間が非常に速く，0.1〜0.01 μs 程度である。しかし，変換精度（ビット数）を上げるためには素子数が非常に多くなり，回路がかなり複雑になる。このため，8〜10 ビット程度のものが多く，ビデオ信号やパルス信号などの高周波信号を A-D 変換するのに用いられている。

〔3〕　D-A 変換　　ディジタルプロセッサにより処理した結果をアナログ制御機器などにフィードバックするためには，ディジタル信号をアナログ信号に変換しなければならない。すなわち，プロセッサ固有のビット数の 2 進数で表現されている離散的な数値を連続量（電圧値）に変換する必要がある。D-A

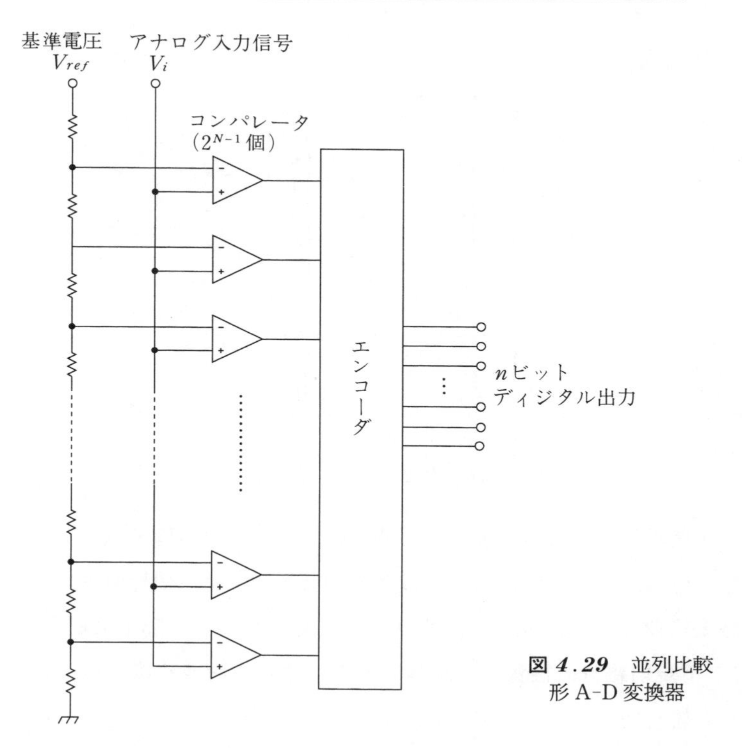

図 4.29 並列比較形 A-D 変換器

変換についても種々の方式が考案されているが，ここでは代表的な R-2 R ラダー形のみを紹介する。これは**図 4.30** に示すように R-2 R ラダー抵抗網を使う方法である。2 R の抵抗は抵抗 R を 2 個直列にすれば得られるため，すべての抵抗を同一抵抗で構成することができる。また，各抵抗は絶対精度が必要ではなく，比精度（2 種類の抵抗値の比 $2R/R=2$）が確保できれば高精度の D-A 変換器を実現できる。モノリシック IC† は抵抗間の比精度が高く，この方式に適した IC で，現在 8～14 ビットの CMOS モノリシックを用いた D-A 変換器が最も汎用的に使用されている。

〔*4*〕 **ディジタル信号処理の実際**　A-D 変換により得られたディジタル信号をコンピュータや DSP などで各種演算処理し，必要な情報を得るのがデ

† monolithic integrated circuit：1 枚のシリコン結晶板の上にトランジスタ，ダイオード，抵抗，コンデンサを一体化して作った集積回路。

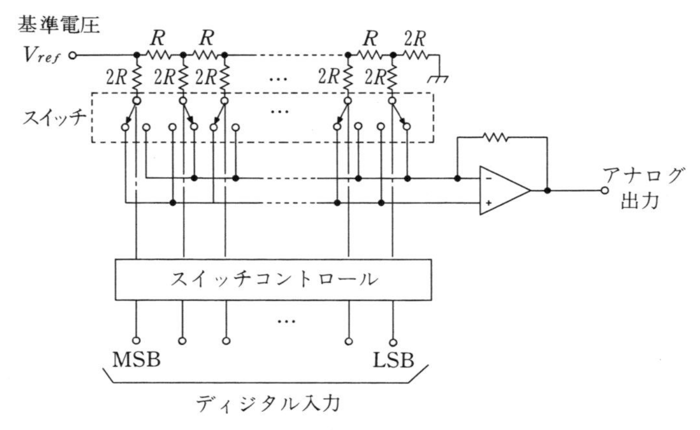

図 4.30　R-2R ラダー形 D-A 変換器

ィジタル信号処理である。多様な目的に応じて非常に多種多様なディジタル信号処理が行われているが，ここでは代表的なディジタル信号処理の一例である雑音除去処理と FFT（高速フーリエ変換）処理について簡単に紹介する。

1）　**不規則雑音の性質**　　計測データには必要な情報以外に，さまざまな要因から雑音成分が混入している。雑音の原因がはっきりしている場合には，これを取り除くことも可能である。しかし，一般の計測信号に含まれる雑音は多くの原因が組み合わされた結果として現れるものが多い。例えば，センサ部で変換時に生じる雑音，処理回路中で発生する**ショット雑音**（shot noise，散弾雑音）や**熱雑音**（thermal noise），また伝送中に外部の電磁波などの影響により混入する雑音が寄せ集まって雑音成分を構成している。したがって，雑音成分はその振幅と位相が時間とともにランダムに変動している不規則雑音と考えなければならず，確定的な取扱いが困難である。したがって，その除去などのために雑音特性を明らかにするには，統計的な取扱いが必要になる。ここでは，まず雑音特性の同定に用いられるおもな統計量を以下に紹介する。

（***1***）　**時間平均と集合平均**　　**時間平均**（time average）は，不規則波形を十分長い時間にわたって平均して得られる統計的パラメータであり，**図 4.31** の $\overline{x_1}, \overline{x_2}, \cdots, \overline{x_N}$ に見るように不規則波形の直流成分に相当するものであ

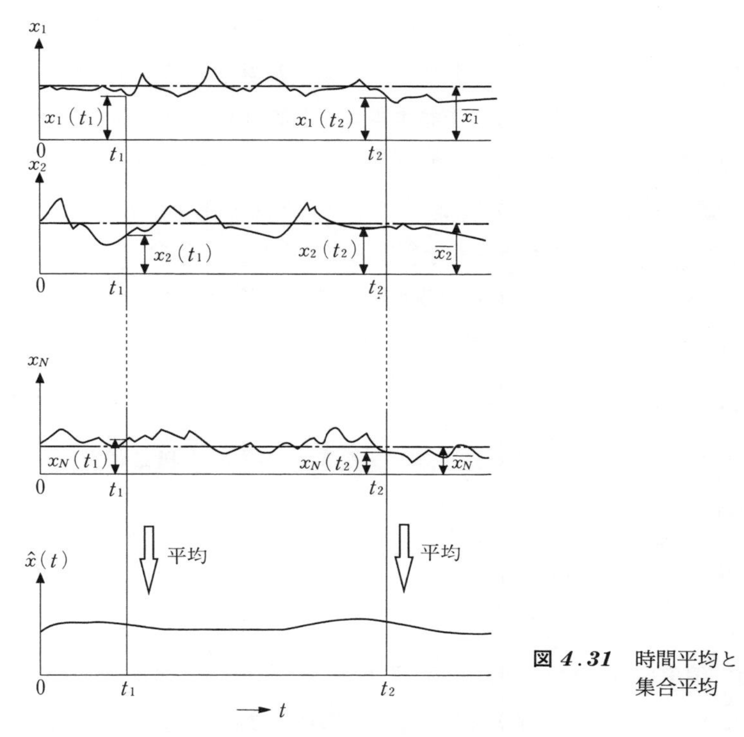

図 4.31 時間平均と集合平均

る。不規則波形 $x_k(t)$ の時間平均 $\overline{x_k}$ は次式で求められる。

$$\overline{x_k} = \lim_{T \to \infty} \frac{1}{T} \int_0^T x_k(t)\,dt \tag{4.21}$$

集合平均（ensemble average）は図に示すように，まったく同じ条件で繰り返し測定した無限個の不規則波形に対して，ある同一時刻ごと，例えば，t_1，t_2 などに求めた平均値である。時刻 t_1 における集合平均は次式から求められる。

$$\hat{x}(t_1) = \lim_{N \to \infty} \frac{1}{N} \sum_{k=1}^{N} x_k(t_1) \tag{4.22}$$

時間平均と集合平均により不規則波形を分類することができる。波形の持つ特性が時刻によって変化しない，すなわち集合平均が時刻によらず一定値となるものを**定常的**（stationary）であるといい，その特性が時間とともに変化してしまうものを**非定常的**（non-stationary）であるという。定常的不規則波形の中で時間平均と集合平均が一致するものを**エルゴード的**（ergodic）であるという。また，一致しないものを**非エルゴード的**（non-ergodic）であるという。実際に計測された雑音がこのエルゴード性を持つかどうかの議論は非常に難しい問題であるが，多くの場合にはエルゴード性を持つと仮定してもよく，一般雑音はおおむねエルゴード的な雑音として取り扱われる。

（**2**）　**分　散**　　不規則波形の振幅が，その平均値からどの程度ばらついているのかを示す量で，例えば時間平均 $\overline{x_k}$ に対する**分散**（variance）は

$$\sigma_k{}^2 = \lim_{T\to\infty}\frac{1}{T}\int_0^T (x_k(t)-\overline{x_k})^2 dt \tag{4.23}$$

で表される。また前章で述べたように，分散の平方根を**標準偏差**（standard deviation）と呼ぶ。式(4.23)に対しては

$$\sigma_k = \sqrt{\sigma_k{}^2} = \sqrt{\lim_{T\to\infty}\frac{1}{T}\int_0^T (x_k(t)-\overline{x_k})^2 dt} \tag{4.24}$$

となる。

（**3**）　**確率密度関数**　　時間的にランダムな振幅値を持つ不規則波形が，時刻 t にある値 x をとる確率を与えるのが**確率密度関数**（probability density function）である。不規則波形の振幅値が x と $x+\Delta x$ の間に入る確率は，**図 4.32** に示すように，全観測時間 T に対する x と $x+\Delta x$ の間に振幅値が入っている時間和 $\sum\Delta t_i$ の比を用いて計算できる。すなわち，確率密度関数 $p(x)$ は観測時間 T を十分長くしたこの確率の極限値として

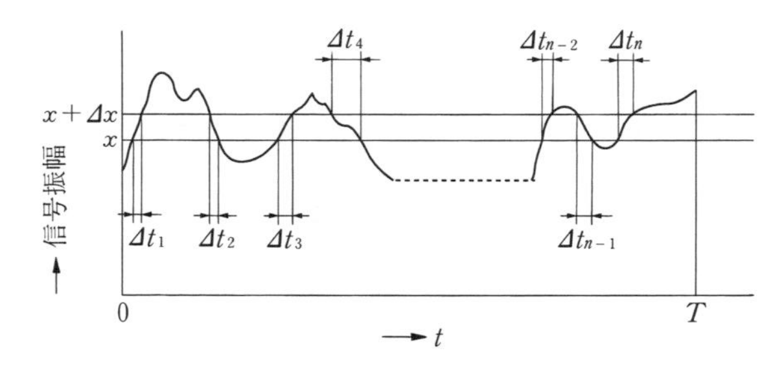

図 4.32　確率密度関数の計算（定義）

$$p(x)=\frac{1}{\Delta x}\lim_{T\to\infty}\frac{\sum_{i=1}^{n}\Delta t_i}{T} \tag{4.25}$$

で与えられる。この値は前述の時間平均と分散を併せて表現している量と考えることができる。

（4）**自己相関関数**　不規則信号の時刻 t における振幅値と時間 τ だけ隔たった振幅値の持つ相関の程度を表すのが**自己相関関数**（autocorrelation function）である。すなわち，不規則信号 $x(t)$ に対して次式で定義される。

$$R_x(\tau)=\lim_{T\to\infty}\frac{1}{T}\int_0^T x(t)\,x(t+\tau)\,dt \tag{4.26}$$

また，異なる二つの不規則信号 $x(t)$ と $y(t)$ の間の相関の程度を表す**相互相関関数**（cross correlation function）は，次式で定義される。

$$R_{xy}(\tau)=\lim_{T\to\infty}\frac{1}{T}\int_0^T x(t)\,y(t+\tau)\,dt \tag{4.27}$$

（5）**パワースペクトル密度**　不規則信号の周波数成分の分布を表すのが**パワースペクトル密度**（power spectrum density）である。実際の観測では，継続する信号 $x(t)$ の一部を観測時間 T の間だけ切り出して処理するので，信号 $x(t)$ の $0\leqq t\leqq T$ の部分だけを切り出した信号 $x_T(t)$ についてパワースペクトル密度を考える。この信号の周波数成分の分布を表す周波数スペクトル $X_T(\omega)$ は，この信号を**フーリエ変換**（Fourier transform）することにより得られる。すなわち

$$X_T(\omega)=\int_{-\infty}^{\infty}x_T(t)\,e^{-j\omega t}dt \tag{4.28}$$

である。ただし，ω は**角周波数**（angular frequency）〔rad/s〕であり，周波数 f〔Hz〕と $\omega=2\pi f$ の関係がある。この $X_T(\omega)$ の二乗平均値がパワースペクトル密度 $S_x(\omega)$ である。

$$S_x(\omega)=\lim_{T\to\infty}\frac{1}{T}|X_T(\omega)|^2 \tag{4.29}$$

パワースペクトル密度と前述の自己相関関数は，**ウィーナー・ヒンチン**（Wiener-Khintchine）の関係により，たがいにフーリエ変換により求めるこ

とができる。すなわち

$$S_x(\omega)=\int_{-\infty}^{\infty}R_x(\tau)\,e^{-j\omega\tau}d\tau \tag{4.30}$$

$$R_x(\tau)=\frac{1}{2\pi}\int_{-\infty}^{\infty}S_x(\omega)\,e^{j\omega\tau}d\omega \tag{4.31}$$

の関係がある。この関係から，例えばパワースペクトル密度が ω によらず，全周波数領域で一定になるような不規則雑音の自己相関関数は，**図 4.33** のように $\tau=0$ のところでのみ値を持つ，まったく無相関な形となることがわかる。このような無相関な不規則雑音を**白色雑音**（white noise）と呼ぶ。

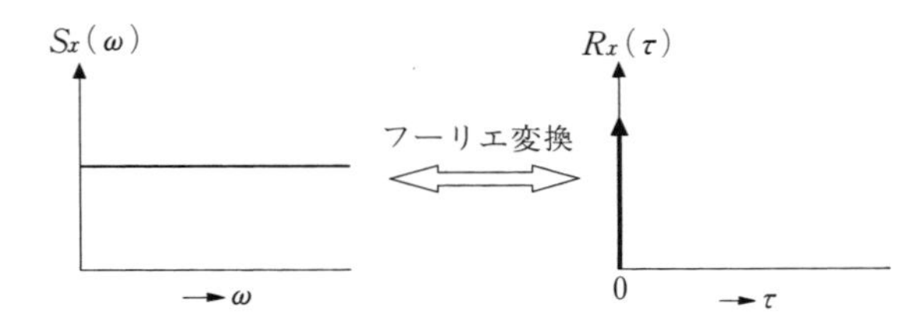

図 4.33　白色雑音のパワースペクトル密度と自己相関関数

2）**ディジタル信号処理による雑音除去**　信号成分と雑音成分との間に顕著な特性の差異がある場合には，これに注目して雑音成分を除去して信号成分のみを抽出することは容易であるが，一般にはこれらを区別することが困難なことも多い。このような場合には雑音除去処理が信号成分に対しても行われることになるから，処理法，すなわちどのような特性差に注目するかの選択を誤れば，信号成分にも不要の影響を与えることになり，かえって SN 比を低下させることもありうる。

一般に最もよく利用されるのは両者の周波数成分分布の差異である。これに注目した雑音除去法としては，*4.2.2* 項で紹介したアナログフィルタ回路を用いる方法と，ディジタル演算による方法がある。フィルタ回路による方法では簡単な回路で大きな雑音除去効果を得ることができる反面，信号や雑音の特性が変わればフィルタ回路の特性変更をハードウェア的に行う必要があり，柔軟性に欠ける。これに対して，ディジタル演算による方法ではソフトウェア的にフィルタを構成するため，特性の変更がきわめて容易であり，柔軟性に富んでいる。

ディジタル演算による雑音除去法として最も一般的な方法が**平滑化処理**（smoothing）と**積算平均化処理**（averaging）である。平滑化処理はアナログフィルタに相当するものであり，信号と雑音の周波数成分に差がある場合に有効な方法である。平滑化処理の方法としては**移動平均法**（moving average method）と**周波数領域法**（frequency domain method）がある。これに対し，積算平均化処理は集合平均を用いる方法で，周波数成分に差がない場合や，信号に比べて雑音がかなり大きい場合にも有効である。

（*1*） **移動平均法**　比較的低い周波数の信号成分に高周波の不規則雑音が重畳されている場合を考える。この雑音を除去するためにはLPFを用いればよい。アナログフィルタでは，入力信号$u(t)$に対する出力信号$v(t)$は，フィルタのインパルス応答を$w(t)$とすれば，つぎの**畳込み**（convolution）**演算**で与えられる。

$$v(t)=\int_{-\infty}^{\infty}w(\tau)u(t-\tau)d\tau \tag{4.32}$$

移動平均法はこの演算を離散的な信号に適用したものである。入力信号には$u(t)$をサンプリング間隔Δtでサンプリングしたn個の離散値を用い，i番目のサンプル値$u(i\Delta t)$をu_iと書く。また，フィルタの特性（インパルス応答）は時間間隔Δtの$2m+1$個（m：整数）の離散点からなる重み関数$w(j\Delta t)$で表現し，これをw_jと書く（ただし，$j=-m, -m+1, \cdots, -1, 0, 1, \cdots, m-1, m$）。得られる出力値を同様に v_i $(=v(i\Delta t))$と書けば，式(4.32)の離散化式としてつぎの関係を得る。

$$v_i=\frac{1}{W}\sum_{j=-m}^{m}w_j x_{i+j} \qquad (i=m+1, m+2, \cdots, n-m) \tag{4.33}$$

ただし，W は

$$W=\sum_{j=-m}^{m}w_j \tag{4.34}$$

で与えられる正規化のための定数である。

この方法では**図 4.34** に示すように，重み関数 w_j の位置を1サンプルごとにずらしながら入力 u_i との積を求め，重み付平均を求めることになるが，図からもわかるように，v_1～v_m と v_{n-m+1}～v_n の $2m$ 個の出力値は対応するサンプル点が存在しないため演算することができない。

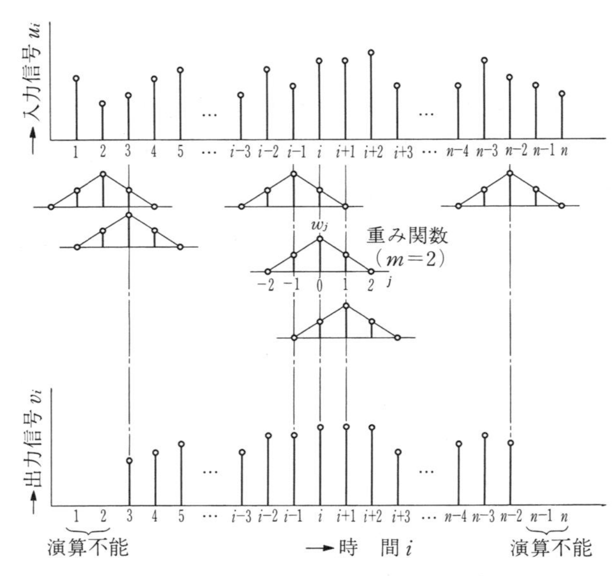

図 4.34　移動平均法（$m=2$ のとき）

この影響を少なくするには，全データ数 n を重み関数の幅 $2m+1$ より十分大きくとるよう注意しなければならない。また，信号や雑音の性質を考慮してどのような形の重み関数を用いるかが重要な問題である。**図 4.35** のような方形関数を用いた単純移動平均法では，前述の式(4.33)は

$$v_i=\frac{1}{2m+1}\sum_{j=-m}^{m}x_{i+j} \qquad (4.35)$$

となる。この演算で軽減できる雑音は時間平均が0となる不規則雑音である。

なお，この方形状重み関数は周波数領域では sinc 関数† の形のフィルタをか

† sinc 関数：$\mathrm{sinc}(x)=\sin(x)/x$。

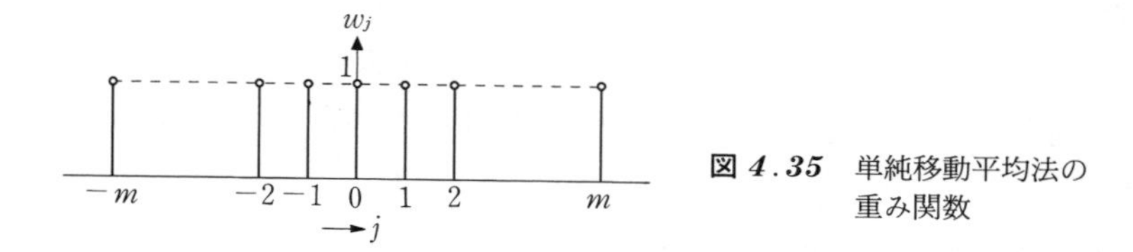

図 4.35　単純移動平均法の重み関数

けたことに対応している。元の信号に含まれる雑音成分の分散を σ_{un}^2，単純移動平均処理後の雑音成分の分散を σ_{vn}^2 とすれば，雑音値が時間的にはまったく独立で，完全無相関の場合には

$$\sigma_{vn}^2 = \frac{\sigma_{un}^2}{2m+1} \tag{4.36}$$

となる。したがって，平均するデータ点数を多くすればそれだけ雑音除去効果が増すことになる。しかし，信号成分も同時に重み関数の幅だけ平均化され，信号波形のひずみを生じるから，信号成分の周波数を考慮して最適な重み関数の幅を決定する必要がある。一方，異なる時刻における雑音値に完全相関がある場合には

$$\sigma_{vn}^2 = \sigma_{un}^2 \tag{4.37}$$

となり，雑音除去効果はまったく期待できない。

（2）　**周波数領域法**　　前述の移動平均法はフィルタリング操作を，重み関数との畳込み演算を用いて時間領域で行う方法であるが，フィルタリング操作を周波数領域で行おうとするのが周波数領域法である。時間領域での入力信号と重み関数との畳込み演算は，周波数領域では入力信号の周波数成分とフィルタ関数との乗算となる。そこで，時系列データとして得られた入力信号をフーリエ変換し，周波数成分で表現したのち，これに各種フィルタ関数を乗算し，さらにフーリエ逆変換して時間領域の信号に戻すことにより雑音の除去を行う。

この方法では信号成分と雑音成分の周波数特性の違いを利用して雑音の除去や信号成分の抽出を行っているので，電源リプルなどの特定周波数を持った雑音の除去にも利用することができる。また，フィルタ関数の乗算をソフトウェ

ア的に処理するため，任意のフィルタ関数を容易に作成し用いることができ，柔軟性に富んだ処理ができる。ただし，フーリエ変換を2回行うため，処理に若干の時間を要するが，この演算には通常後述する高速フーリエ変換が用いられる。

（*3*）　**積算平均化処理**　　積算平均化は**図 *4.36*** に示すように，同じ条件のもとで信号測定を繰り返し，得られた多数の時系列データ（$u_1, u_2, \cdots$）に対して測定開始時刻からの時間経過（データ列番号）i ごとに集合平均を求めて雑音を除去する方法で，同期加算とも呼ばれている。

同一条件での N 回の測定から得られた結果を用いた積算平均化を考えよう。いま，k 回目の測定における i 番目の測定値を u_{ki} とし，これに含まれる信号

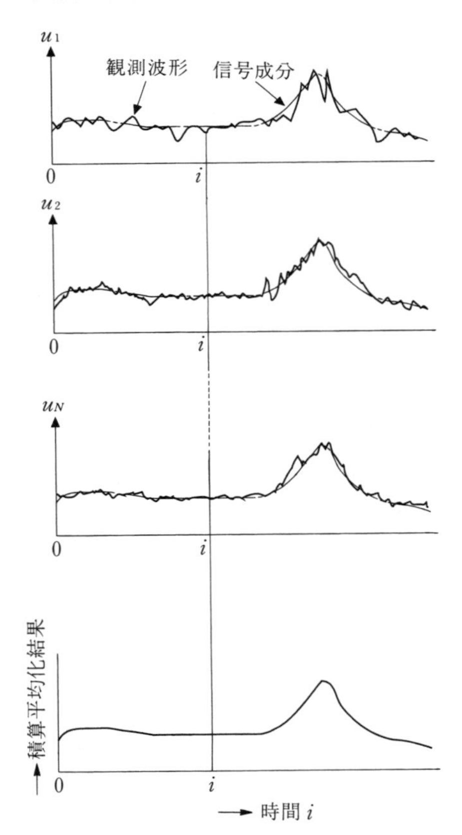

図 *4.36*　積算平均化処理

成分を s_{ki}，雑音成分を n_{ki} とすれば

$$u_{ki}=s_{ki}+n_{ki} \qquad (4.38)$$

である。この i 番目の測定値の集合平均を求めれば，信号成分は測定回数によって変化せず，同じ値 s_i をとると考えられるので，処理後の信号成分の大きさは

$$\frac{1}{N}\sum_{k=1}^{N}s_{ki}=s_i \qquad (4.39)$$

となる。一方，含まれる雑音は不規則雑音であるから，雑音成分の処理後の大きさを分散の平方平均（標準偏差）で表すと

$$\frac{1}{N}\sqrt{\sum_{k=1}^{N}{n_{ki}}^2}=\frac{n_i}{\sqrt{N}} \qquad (4.40)$$

となる。ただし，n_i は i 番目の測定値に含まれる雑音の平均振幅である。すなわち，雑音成分は N 回の測定の集合平均をとることにより $1/\sqrt{N}$ に減少する。処理後の信号の SN 比は式(4.39)，(4.40)より

$$S/N=\sqrt{N}\frac{s_i}{n_i} \qquad (4.41)$$

となり，$\sqrt{N}$ 倍向上することがわかる。

また，この方法では N 個の測定結果（時系列データ）は時間的に独立であると考えられるから，平均化に用いた測定値はたがいに相関が小さく，ほぼ独立な値と見なすことができる。したがって，移動平均法では取り除けないドリフト雑音のような相関の強い雑音に対しても雑音除去効果を期待することができる。

3）**高速フーリエ変換**　信号の時間領域と周波数領域との対応関係を表しているのがフーリエ変換である。時間領域における信号を $u(t)$ とし，この信号の周波数領域におけるスペクトルを $U(\omega)$ とすると，フーリエ変換は次式のように定義される。

$$U(\omega)=\int_{-\infty}^{\infty}u(t)\,e^{-j\omega t}dt \qquad (4.42)$$

また，$u(t)$ と $U(\omega)$ は1対1の対応をしているために $U(\omega)$ から $u(t)$ を求め

る変換も一意に与えられ

$$u(t)=\frac{1}{2\pi}\int_{-\infty}^{\infty}U(\omega)\,e^{j\omega t}d\omega \tag{4.43}$$

で表される。これを**フーリエ逆変換**（inverse Fourier transform）という。

ディジタル信号処理で，フーリエ変換を利用してスペクトルを求めるためには式(4.42)の定義式を離散的な形に書き換える必要がある。いま，入力信号 $u(t)$ を時間間隔 Δt でサンプリングしたとする。サンプル値は時間の関数であるが，なん番目にサンプリングした値であるかがわかれば時間を知ることができるから，以下では k 番目のサンプル値 $u(k\Delta t)$ を u_k と表す。ここで，微小量 $\Delta t, \Delta\omega$ を用いて $t=k\Delta t$，$\omega=l\Delta\omega$ と表し，式(4.42)を離散量で近似的に表せば，離散的なスペクトル $U_l=U(l\Delta\omega)$ は

$$U_l=\sum_{k=-\infty}^{\infty}u_k e^{-j\cdot l\Delta\omega\cdot k\Delta t}\Delta t \tag{4.44}$$

と表せる。この式ではデータ数を無限大としているが，実際にはデータ数は有限個（N 個）しか得ることができない。

また，演算の際には時間量の数値自体は重要でないから，サンプリング間隔 Δt を単位量1として簡単化すると，$\Delta\omega=2\pi/N$ となり，したがって式(4.44)は

$$U_l=\sum_{k=0}^{N-1}u_k W_N{}^{kl} \tag{4.45}$$

となる。ただし

$$W_N{}^{kl}=\exp\left(\frac{-2\pi jkl}{N}\right)=\cos\frac{2\pi kl}{N}-j\sin\frac{2\pi kl}{N} \tag{4.46}$$

である。$W_N{}^{kl}$ を**位相回転因子**と呼ぶ。

同様にフーリエ逆変換の式(4.43)を離散的に書き換えれば

$$u_k=\frac{1}{N}\sum_{l=0}^{N-1}U_l W_N{}^{-kl} \tag{4.47}$$

となる。式(4.45)と式(4.47)を**離散フーリエ変換**（**DFT**：discrete Fourier transform）**対**と呼ぶ。この計算を行うには，データ数が N 個であれば N^2 回の複素数の乗算と $N(N-1)$ 回の加算を実行する必要があり，N が大きく

なれば計算時間（計算量）が急激に増大する。このことはDFTを実用化するうえで，大きな障害であった。

膨大な演算を必要とするDFTを高速に処理できるように1965年にCooleyとTukeyによって提案されたのが**高速フーリエ変換**（**FFT**：fast Fourier transform）**アルゴリズム**である。これは位相回転因子 $W_N{}^{kl}$ の対称性と周期性を利用して乗算の計算量を少なくし，計算の高速化を図るものである。DFTの演算をより小さなDFTの組合せとして分割し，バタフライ演算を基本として計算量を減少させている。このアルゴリズムの概要はつぎのようである。

N 個の時系列データ u_k を偶数番目と奇数番目のデータに分けて考えれば

$$\begin{aligned} U_l &= \sum_{n=0}^{\frac{N}{2}-1} u_{2n} W_N{}^{2nl} + \sum_{n=0}^{\frac{N}{2}-1} u_{2n+1} W_N{}^{(2n+1)l} \\ &= \sum_{n=0}^{\frac{N}{2}-1} u_{2n} W_N{}^{2nl} + W_N{}^l \sum_{n=0}^{\frac{N}{2}-1} u_{2n+1} W_N{}^{2nl} \\ &= \sum_{n=0}^{\frac{N}{2}-1} u_{2n} W_{\frac{N}{2}}{}^{nl} + W_N{}^l \sum_{n=0}^{\frac{N}{2}-1} u_{2n+1} W_{\frac{N}{2}}{}^{nl} \end{aligned} \tag{4.48}$$

なお，ここでは右辺の変形にあたって

$$W_N{}^2 = (e^{-2\pi j/N})^2 = e^{-2\pi j/(N/2)} = W_{\frac{N}{2}} \tag{4.49}$$

の関係を用いた。式(4.48)の偶数項と奇数項をそれぞれ G_l, H_l とすれば

$$U_l = G_l + W_N{}^l H_l \tag{4.50}$$

の関係が成り立つ。この G_l と H_l はどちらも $N/2$ 点DFTであるため，演算数は式(4.45)と比べると著しく減少する。この $N/2$ 点DFTを同様な方法でさらに分割すれば $N/4$ 点DFT，$N/8$ 点DFT，…の組合せとなり，演算数はさらに減少する。また，G_l, H_l は l に関して周期 $N/2$ の周期関数であり，つぎの関係が成り立つ。

$$G_l = G_{l-\frac{N}{2}}, \quad H_l = H_{l-\frac{N}{2}} \tag{4.51}$$

さらに，式(4.46)から明らかなように

$$W_N{}^l = -W_N{}^{l-\frac{N}{2}} \tag{4.52}$$

の関係があるから，$l=0, 1, \cdots, N/2-1$ について G_l, H_l を計算すれば，$l=0, 1, \cdots, N-1$ に対する U_l の値を求めることができる。

一般にデータ個数 N が2のべき乗（$N=2^m$）のときには，全体で $m-1$ 回再分割することができ，最終的には**図 4.37** に示すデータ数2の DFT 演算の組合せとなる。この FFT 演算の基本単位となる演算を**バタフライ**（butterfly）**演算**と呼ぶ。**図 4.38** に $N=8(=2^3)$ の場合の FFT アルゴリズ

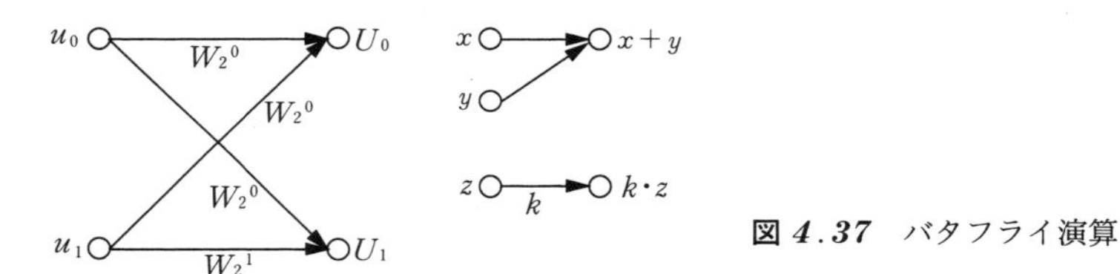

図 4.37　バタフライ演算

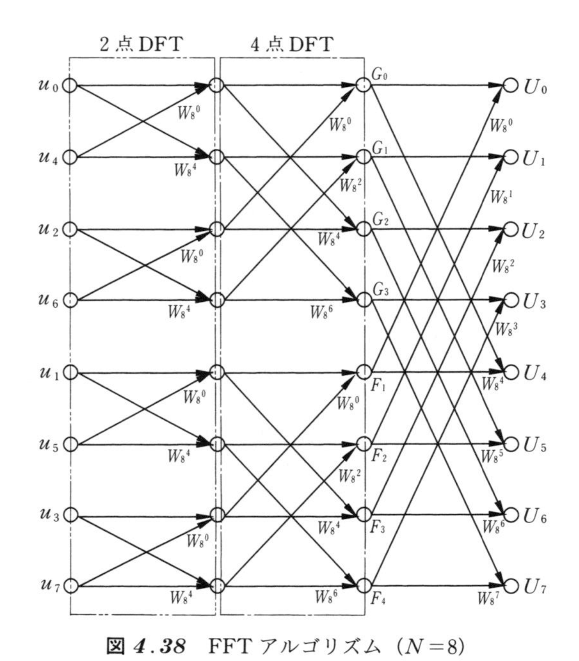

図 4.38　FFT アルゴリズム（$N=8$）

ム（信号流れ図）を示す。**図 4.37** のバタフライ演算の繰返しを用いることでフーリエ変換 U_l が求まる過程を模式的に知ることができよう。

データ個数 $N\,(=2^m)$ であれば，DFT では N^2 回の複素数の乗算が必要であるが，FFT を用いれば，$N/2\log_2 N\,(=Nm/2)$ 回の複素数の乗算でフーリエ変換を遂行することができる。例えば，データ数が 1 024 $(=2^{10})$ 個の場合には，DFT によれば乗算演算回数は 1 048 576 (1 024×1 024) 回必要であるのに対し，FFT では 5 120 $(=1\,024/2\times\log_2 2^{10})$ 回の演算を行えばよく，演算量は約 1/200 になり，演算に要する時間が大幅に短縮されることになる。

4.2.4 信号の表示と記録，記憶

計測システムにおいて，測定により得られた信号を，情報として測定者に認識させることは，監視や工学解析を目的としたシステムではその目的を達成するうえで欠くことができない。また制御を目的としたシステムでも，各部の状態をモニタするために必要不可欠である。本節では，信号を表示，記録また記憶するための代表的な手法をアナログ信号，ディジタル信号，それぞれについて紹介する。

〔1〕 アナログ信号の表示と記録，記憶

1） 指 示 計　電流の大きさを表示する代表的な方法として利用されている**可動コイル形計器**（moving-coil instrument）を**図 4.39** に示す。コイ

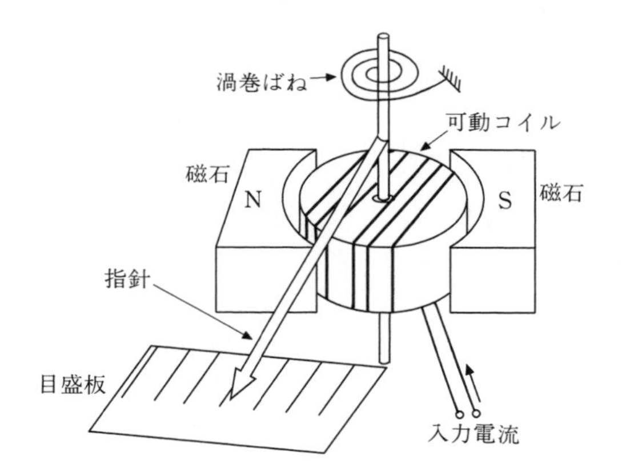

図 4.39 可動コイル形計器

ルに電流が流れれば電磁誘導（フレミングの左手の法則†）により，これに比例したローレンツ力が生じ，それによってトルクと渦巻ばねのトルクが釣り合う位置まで指針が回転する。この指針の回転角を基準となる目盛と比較することにより，電流の大きさを表示することができる。

指示計（indicator）は多少の差異はあれ，基本的に電流計である。電流値を表示する可動コイル形計器を用いて電圧値を表示するには，この指示計に直列に既知の大きな抵抗をつなげばよい。いま，既知の抵抗値を R とすれば，電圧 V のときには V/R の電流 i が流れるため，この電流を指示計で表示すれば，指針の位置から電圧値 $V(=iR)$ を知ることができる。

***2*）　記　録　計**　測定量の時間的変動が速く目測できない場合や，測定結果をあとで解析する場合などのために，測定値の時間的な変動を紙などの上に記録する装置を**記録計**（recorder）と呼ぶ。

記録計の代表的なものとしてはペン書きオシログラフがある。これは**図 *4.40*** に示すように指示計の指針の先端に記録用のペンを付けたものであり，時間的な変化を記録するため，一定速度で送られる記録紙の上に電流値（電圧値）の変動を描いていくものである。この記録計では一般に 100 Hz 程度まで

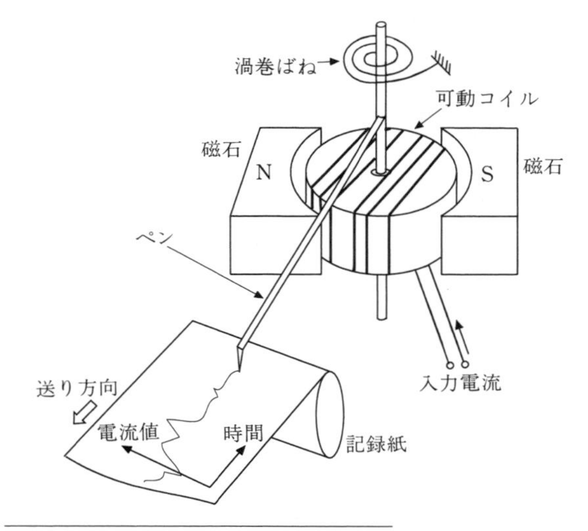

図 *4.40*　ペン書きオシログラフ

† *5.2.3* 項参照。

の動的信号変化を記録することができる。

さらに速い信号変化を記録する方法として代表的なものが電磁オシログラフである。これは**図 4.41** のように可動コイル形計器のコイルに反射鏡を付け，そのふれを光てこ[†1]により拡大し，この光のふれを一定速度で送られる印画紙上に焼き付け記録していくものである。これはペン書きオシログラフのペンの代わりに光を用い，また微小な可動コイルを用いているため可動部分の慣性力が小さく，また摩擦を発生する部分がないため，数百～数千 Hz までの動的信号変化を記録することができる。

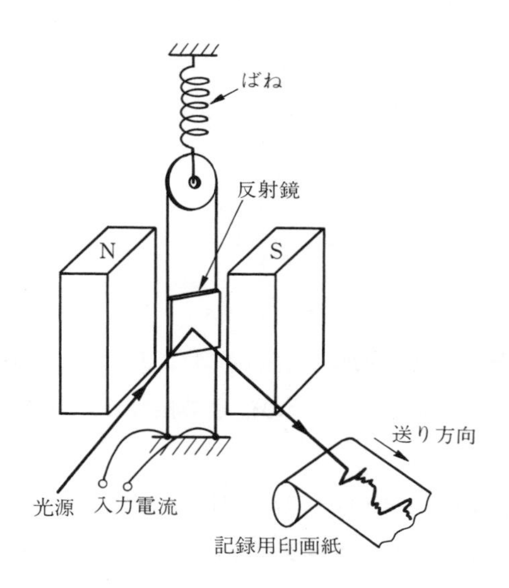

図 4.41　電磁オシログラフ

3）　**オシロスコープ**　　**オシロスコープ**（oscilloscope）は**ブラウン管**（Braun tube）を用いた測定器であり，ブラウン管オシログラフともいう[†2]。これは電界変化に伴う電子ビームのふれを利用しており，機械的な可動部分がなく慣性力の影響を受けないため，GHz 程度のきわめて高い周波数の信号変化まで表示することができる。

---

†1　*5.4.1* 項参照。

†2　入力信号がくるまで輝点は現れず，入力信号に同期して掃引が始まるものを**シンクロスコープ**（synchroscope）と呼ぶ。これはもともとはあるメーカの商標名であったが，現在では普通名詞化して使われている。

オシロスコープの原理図を**図 4.42** に示す。陰極から放出され，陽極で加速された電子ビームを，X，Y 偏向板にかける電圧の値によりそれぞれ左右，上下に曲げ，これを蛍光面に当て，輝点として表示する。輝点が x 方向に一定速度で移動するよう，X 偏向板に鋸歯状波の電圧をかけ，Y 偏向板に測定電圧をかければ，水平軸である x 軸を時間軸として電圧の時間変化を表示することができる。

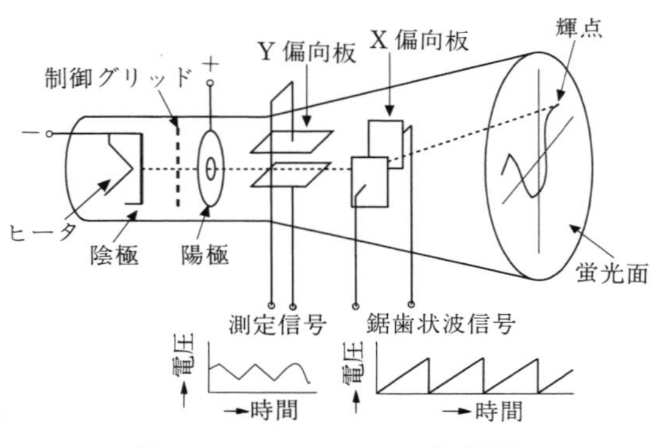

図 4.42　オシロスコープの原理

また，X，Y 偏向板に二つの正弦波信号を加えた場合には，**リサジュー図形**（Lissajous figures）を表示することができ，二つの信号の振幅比，周波数比や位相差を求めることができる。

4）　**データレコーダ**　　電圧信号を一時的に記憶媒体に記憶し，あとで再生して信号解析などに用いる装置を**データレコーダ**（data recorder）と呼ぶ。代表的なものとして測定信号を磁気テープに記録する**磁気テープ記録器**（magnetic tape recorder）がある。また，最近はアナログ信号を A-D 変換器でディジタル信号に変換し，ディジタルメモリに記憶し，これを用いて信号解析を行ったり，D-A 変換器を通してアナログ信号として再生する**トランジェントレコーダ**（digital waveform recorder）なども開発され利用されている。

〔***2***〕　**ディジタル信号の表示と記録，記憶**　　ディジタル信号を直接数値として表示する方法としては，**計数器**（counter）が用いられる。これはパルス状信号のパルス数を計数し，表示するものである。また，コンピュータを用いてディジタル信号処理結果などを表示，記録する方法としては，得られたディジタル値をそのままディスプレイ上に表示する，プリンタに印字出力する，ソフトウェアによりグラフィックス表示する，など利用形態に応じて種々の方法が用いられている。

記憶装置としては，ディジタル機器内蔵のディジタルメモリが一時的に利用できるほか，外部記憶装置（補助記憶装置）としてフロッピーディスク，ハードディスクや光磁気ディスク，CD-ROM，DVDなどの媒体が利用でき，近年ますますより大容量のものが開発され利用できるようになってきている。

4.3　計測システムの特性とシステム解析

計測を行おうとするとき，その計測の目的に合った計測機器を選択することは計測システムの成否にも大きく影響する。計測機器の選択のためには測定量としてなにを選び，どの程度の精度で，またどのぐらいの速さで測定するのかなど，目的を達成するための多くの条件を考えなければならないことは *1* 章でも触れた。特に計測機器の各種特性を正しく認識し，適切か否かを判定することはいずれの場合でも不可欠である。本節では，システム設計の際に欠くことのできない，いくつかの特性（値）について，その意味と表現法，およびシステム解析法を紹介する。

4.3.1　静　特　性

時間的に変化しない測定量に対する計測機器の応答[†1]の特性を**静特性**(static characteristics) という。計測機器の選定にあたり，考慮しなければならない代表的な静特性としてはつぎのようなものがある。

〔*1*〕 校正[†2]と感度，直線性　　計測機器ではすでに述べたように，**測定量**（measured quantity）を *5* 章で示す各種物理法則や物理現象などを用いて

†1　応答（response）：入力（測定量）に対する出力の様子。
†2　較正と表すこともある。

指示量（indicated quantity）に変換する。正確な測定を行うためには入力信号としての測定量と，出力信号としての指示量の間の入出力関係を正確に知らなければならない。この変換の関係を得るには，測定量として標準器や標準試料など，その量が正確にわかっているものを用いて測定量と指示量の間の関係を求めればよい。このような作業を**校正**（calibration）と呼び，これにより得られる**図 4.43** のような関係を**校正曲線**（calibration curve）という。

校正曲線における測定量 x の変化に対する指示量 y の変化の比を**感度**（sensitivity）という。すなわち，感度

$$K_s=\frac{dy}{dx} \tag{4.53}$$

で定義され，校正曲線の勾配に対応している。特に入出力関係が比例的な直線形計器では

$$y=ax+b \qquad (a, b：定数) \tag{4.54}$$

と記述できるため，感度は

$$K_s=a \tag{4.55}$$

となる。例えば，1mm の変位に対し，0.2V の出力変化を生じるレーザ変位計では，感度は 0.2V/mm となる。

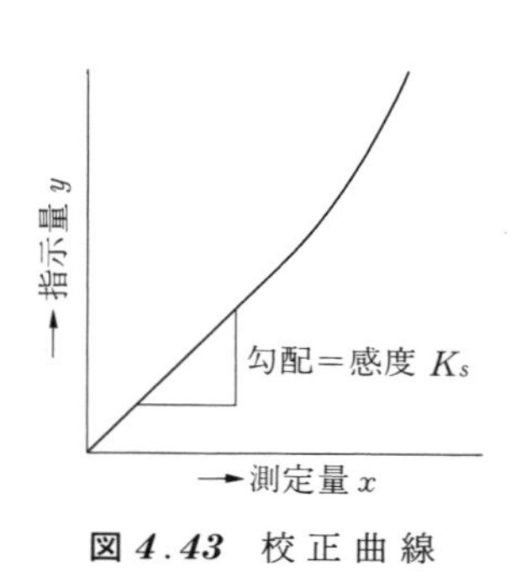

図 4.43　校正曲線

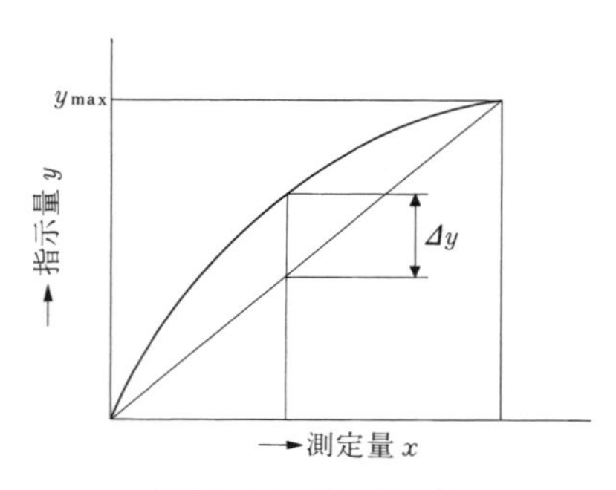

図 4.44　直線性

一般に計測機器では入出力関係を表す校正曲線が直線的な比例関係を示すものが理想的であるが，構成要素の特性などのため**図 4.44** のように非直線的となる場合がある。校正曲線が直線からずれている度合いを示すのが**直線性**

(linearity) であり，図のような場合には

$$直線性=\frac{\Delta y}{y_{\max}}\times 100 \ 〔\%〕 \tag{4.56}$$

で表す。ただし，$y_{\max}$ は計測機器の最大目盛値（最大測定範囲）である。

〔2〕 **測定範囲**　計測機器において誤差が許容範囲以内に入っている範囲を**測定範囲** (measuring range) と呼ぶ。この測定範囲内では校正曲線が直線になる計測機器が多い。

〔3〕 **ヒステリシス差**　**図 4.45** に示すように，測定量が増加していくときの入出力特性と，減少していくときのそれが異なる場合がある。これは計測機器内の各種構成要素材料の機械的・電気的ヒステリシス特性，しゅう動部の摩擦，ねじや歯車のバックラッシなどが原因となって起こる。このような現象により生じる誤差を**ヒステリシス差** (hysteresis error) と呼び，図に示すように増加時と減少時の指示量の差の最大値，あるいは最大測定範囲 $y_{\max}$ に対する相対値〔%〕で示される。

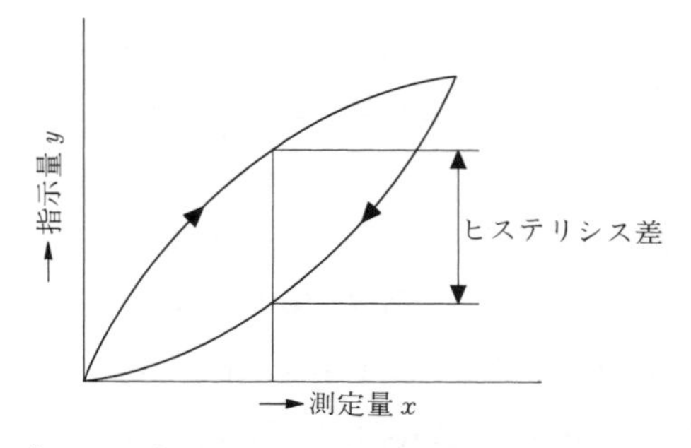

図 4.45　ヒステリシス差

〔4〕 **分解能**　計測機器において入力値に変化があっても，雑音などの影響により出力値の変化として検出できない場合がある。すなわち，計測機器には検知できる出力変化を生じる最小の測定量がある。このような指示量に識別可能な変化を生じさせることのできる測定量の変化量を**分解能** (resolution) と呼ぶ。

4.3.2　動特性とシステム解析

測定量が時間的に変動した場合の計測機器の入出力関係を**動特性**（dynamic characteristics）という。機器の動特性を知ることにより，計測システム全体の動的特性を解析することも可能になる。動特性を表現するには入力としてインパルス信号やステップ信号を用いる**過渡応答**（transient response）**法**や，入力として正弦波信号を用いる**周波数応答**（frequency response, harmonic response）**法**などがある。

一般に計測機器は測定時刻によらず，同じ入力に対しては同じ出力が得られなければならない。多くの場合，入力信号に対して出力信号は遅れて生じるが，その特性はどの時刻であっても変わらず，同じ時間だけ遅れて出力信号が生じる。このようなシステムを**時不変系**（time invariant system）という。さらに，多くの計測システムでは入力信号が a 倍になったとすれば，出力信号も a 倍されるし，また，入力信号がいくつかの要素信号の線形結合で表される場合には，出力信号も個々の要素信号に対する出力信号の線形結合で表される。すなわち，線形性を有している計測システムが多い。このため，以下の議論では，計測システム（機器）を時不変な**線形システム**（linear system）として取り扱う。

〔1〕　過 渡 応 答　　**過渡応答**とは計測系に入力が加えられた直後の応答の現れ方，すなわち過渡状態に注目するもので，**図 4.46** に示すように入力信号としてステップ信号を用いる**ステップ応答**（step response）や，インパルス信号を用いる**インパルス応答**（impulse response）などが代表的である。

単位インパルス $\delta(t)$ を用いれば，任意の入力信号 $x(t)$ は

$$x(t)=\int_{-\infty}^{\infty}x(\tau)\,\delta(t-\tau)\,d\tau \qquad (4.57)$$

と表すことができる。この入力に対する出力 $y(t)$ は，この系のインパルス応答 $g(t)$ を用いて，次式のように表すことができる。

$$y(t)=\int_{-\infty}^{\infty}x(\tau)\,g(t-\tau)\,d\tau \qquad (4.58)$$

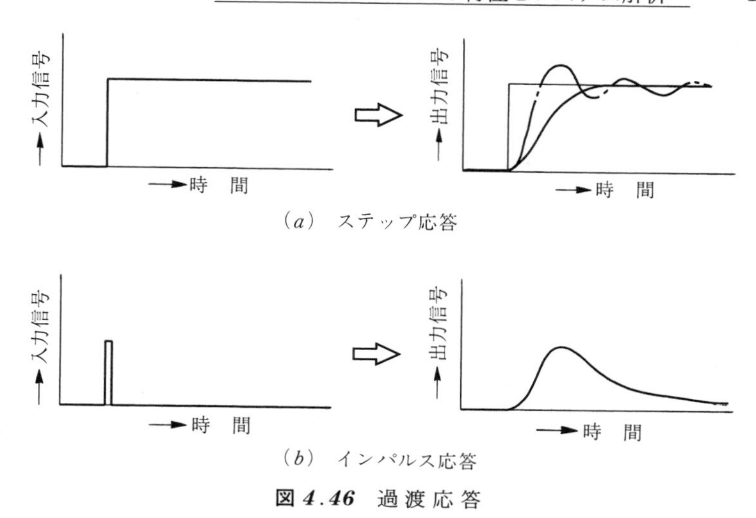

（a）ステップ応答

（b）インパルス応答

図 4.46 過渡応答

すなわち，出力信号は入力信号とインパルス応答の畳込み積分を行うことにより得られる。

〔**2**〕 **周波数応答**　平衡状態にある線形系に，**図 4.47** に示すような正弦波入力を加えた場合，定常状態では出力信号は入力と同じ周波数の正弦波となるが，振幅の変化と**位相ずれ**（phase shift）を生じている。この振幅変化と位相ずれの大きさは，入力する正弦波の周波数によって異なるから，この様子を知るためには，周波数の異なる正弦波を順次入力し，各周波数における振幅比（＝出力振幅/入力振幅）と位相ずれを求めなければならない。言い換えれば，システムの定常状態での動特性は信号周波数と振幅比，位相ずれの関係によって明らかにできる。この関係を**周波数応答**（frequency response）あるいは**周波数特性**（frequency characteristics）と呼ぶ。

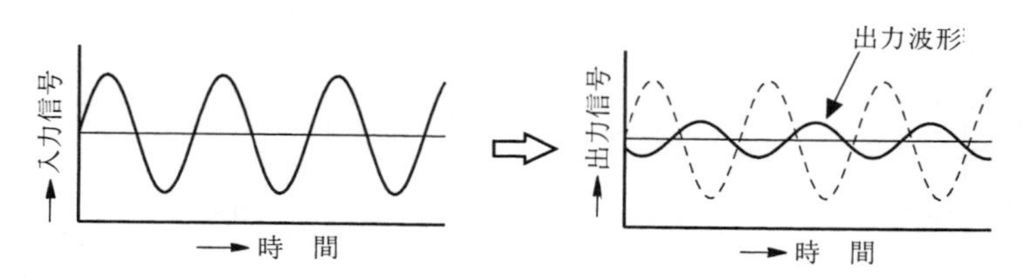

図 4.47 周波数応答

入力信号 $x(t)$ の周波数スペクトル $X(\omega)$ はフーリエ変換を用いて

$$X(\omega)=\int_{-\infty}^{\infty} x(t)\exp(-j\omega t)\,dt \tag{4.59}$$

と表すことができる。同様に出力信号 $y(t)$ のスペクトル $Y(\omega)$ は

$$Y(\omega)=\int_{-\infty}^{\infty} y(t)\exp(-j\omega t)\,dt \tag{4.60}$$

と表される。また，システムのインパルス応答 $g(t)$ のフーリエ変換を $G(\omega)$，すなわち

$$G(\omega)=\int_{-\infty}^{\infty} g(t)\exp(-j\omega t)\,dt \tag{4.61}$$

とすると，これらの関係式を用いて，式(4.58)のフーリエ変換を求めれば

$$Y(\omega)=G(\omega)X(\omega) \tag{4.62}$$

を得る。すなわち，周波数領域で出力信号のスペクトルは，入力信号のスペクトルとインパルス応答のフーリエ変換の積で求めることができる。$G(\omega)$ は周波数領域における入出力間の関係を表すから，これを**周波数伝達関数**（frequency transfer function）と呼ぶ。

周波数伝達関数 $G(\omega)$ は複素量であり，絶対値 $|G(\omega)|$ が入出力の振幅比を，また偏角 $\angle G(\omega)$ が位相ずれを表す。なお，特に制御システム解析などにおいては振幅比の指標としてゲイン（gain）g は

$$g=20\log_{10}|G(\omega)|\quad〔\mathrm{dB}〕 \tag{4.63}$$

を用いることが多い。また，位相ずれの単位は〔deg〕が多く用いられる。**図 4.48** は周波数特性を図示するために一般的に用いられている**ボーデ線図**

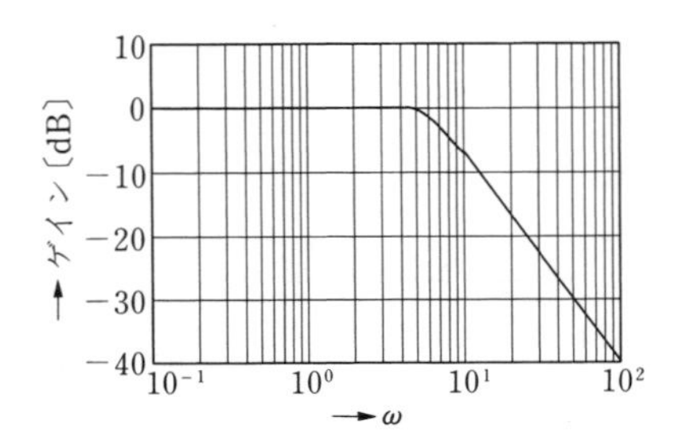

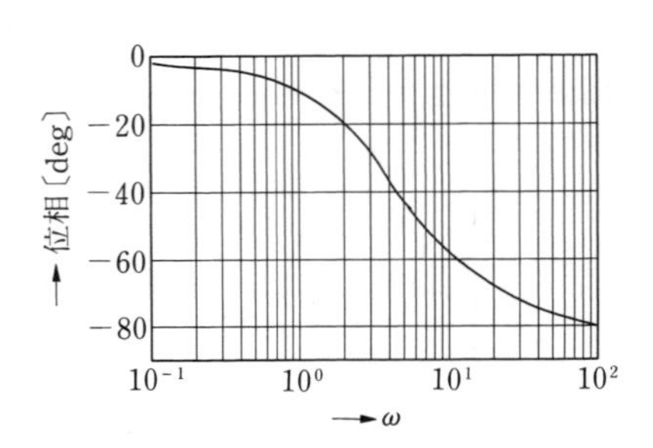

図 4.48　ボ ー デ 線 図

(Bode diagram) の一例である。横軸に角周波数 ω を対数目盛でとり，縦軸にはゲインと，位相ずれを等間隔目盛で表示している。

コーヒーブレイク

レーザの発明と光計測

光学の現象は多くが人間の視覚に訴えるものであり，直感的でわかり易い。また，「百聞は一見に如かず」といわれるように，人間が同時に取得できる情報のうちで格段に情報量が多い。このため光学現象を用いた技術は非常に古くから用いられており，紀元前10世紀ごろの古代アッシリアのニネベ廃墟では凸レンズが発見されている。また，光学現象に対する研究も「物理学の母」として古くから行われており，反射の法則は紀元前300年ごろにはプラトン学派には認識されていた。その後も多くの研究が行われ，17世紀のI. Newtonによる光と色の研究，C. Huygensの波動説，19世紀のT. Youngの干渉の研究，A. J. Fresnelの回折の研究，さらにはJ. C. Maxwellの光の電磁波など，古典光学の基礎的な理論および技術は20世紀初頭には，ほぼ完成していた。この光干渉現象を測定に用いようとする試みは古くから行われており，各種干渉計やいろいろな測定技術が考案され研究されてきた。しかしながら，光源の問題などから広範な利用は難しく，研究室，実験室における利用がほとんどであった。この状況を一変させたのが1960年中ごろにフゲス研究所のT. H. Maimanによりルビーの結晶から発振された波長694.3nmの赤いレーザ光であった。1960年の終わりにはベル研究所のA. JavanらがHe-Neガスを用いた連続波のレーザ光発振に成功した。コヒーレント（可干渉，干渉しやすい）なレーザ光の出現により干渉計測が容易になり，光技術が大きく変貌を遂げた。従来の光学的測定法の光源としてレーザを用いるのみでなく，光ヘテロダイン法や**LDV**（**レーザドップラー流速計**，laser Doppler velocimeter），ホログラフィ干渉法，スペックル干渉法などレーザを用いることによって初めて可能となった新しい測定法も多く研究され，実用化されている。さらに1970年，半導体レーザが室温で連続発振できるようになり，小形でコヒーレントなレーザ光源が容易に安価に用いることができるようになり，レーザ光を用いた測定がより身近なものとなった。また，CCD（電荷結合撮像素子）やフォトダイオード，フォトトランジスタなどの半導体光検出器の目覚ましい進歩も相まって，これらと光源，光学系を組み合わせた光集積回路による測定システムも考案されている。今後これを用いれば，より小形軽量で使いやすく，しかも精度の高い測定器が期待できる。

演　習　問　題

【1】 身近にある計測システムについて，その構成と信号の流れについて調べよ。

【2】 20 kHz の音波まで再生する CD（SN 比 96 dB）からの信号を，コンピュータに取り込んで信号処理するためには，どのような A-D 変換器を用いればよいか。

【3】 移動平均法を行うプログラムを作成せよ。

【4】 FFT を行うプログラムを作成せよ。

5

信号変換の方式とセンサ

ロボットは，距離，速度などの外界の情報をセンサで受け入れ，センサ情報をコンピュータで処理し，アクチュエータ（操作器）を用いてマニュピュレータ（ロボットの腕）などを動かし，目標とする作業を行う。このように距離，関節角度などの対象とする計測量を電気信号に変換する系の最初の要素をわれわれは一般的にセンサと呼んでいる。測定対象は動いているので取り出す信号は時間的に変動しており，またコンピュータに入力され，なんらかの処理を経て有用な情報に変換されることから，一般的には電気信号に変換される場合が多い。

本書では，*1* 章で述べたように，このようなメカトロニクスに必要な計測技術に重点を置いて述べられている。しかし，機械工学に必要な基礎的計測方式は必ずしも電気信号に変換されるものばかりではない。したがって，“センサ”という表現が必ずしも適切でないが，ここでは対象とする計測量をなんらかの信号に変換する系の最初の要素をセンサと呼ぶことにする。また，本章では変位，温度といった計測対象別にセンサを述べるのを避け，信号変換の方式に基づいた分類とする。これは，電磁誘導，ベルヌーイの定理，ドップラー効果のような基本原理を十分把握して初めてセンサを理解することができると考えるからである。

5.1 機械式センサ

5.1.1 機械的拡大

【基本原理 *1*】 歯車による拡大　かみ合う原軸歯車と従軸歯車の歯数をそれぞれ Z_1, Z_2，そして回転数を N_1, N_2 とすると，回転比は

$$\frac{N_2}{N_1}=\frac{Z_1}{Z_2}$$

となる。原軸歯車が従軸歯車より小さく歯数が少なければ $N_1>N_2$ で，逆の場合には $N_1<N_2$ となる。

【基本原理 2】 アッベの原理　被測定物を標準尺と直接比較する直接測定を行うとき，**図 5.1**(a)に示すように測定ヘッドが測定方向に対し垂直な場合，測定ヘッドの傾き θ による幾何学的誤差 δ_a は，一般に θ は微小であるから

$$\delta_a=h\tan\theta\cong h\theta$$

となる。これに対し，図(b)のように測定方向と測定ヘッドが同一直線上である場合，幾何学的誤差 δ_b は

$$\delta_b=(L-l)(1-\cos\theta)\cong\frac{L-l}{2}\theta^2$$

となる。δ_a は微小項 θ に比例するのに対し，δ_b は θ の2乗に比例するため，図(b)の測定方法のほうが誤差の影響をはるかに小さくできる。これを**アッベの原理**（Abbe's principle）という。

【基本原理 3】 ねじによる拡大　**図 5.2** にねじの基本構造を示す。ねじの移動量 x と回転角 θ の関係は次式で表される。

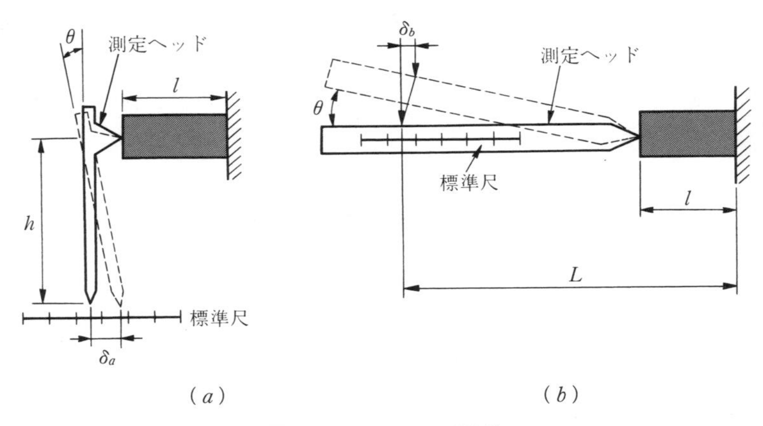

図 5.1　アッペの原理

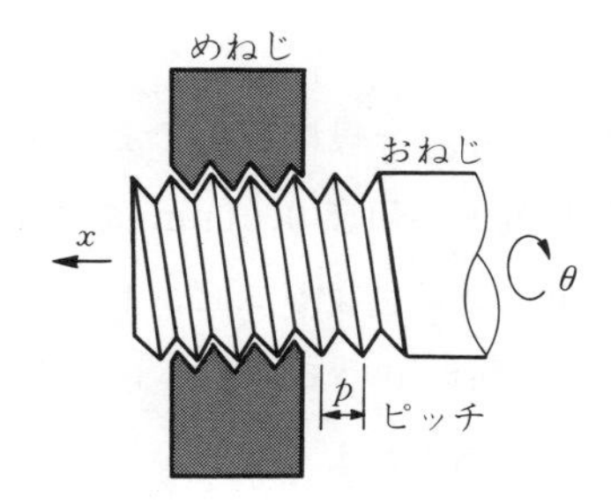

図 5.2　ねじによる拡大

$$\theta=\frac{2\pi}{p}x$$

ここで，p はねじのピッチである。

〔1〕 **ダイヤルゲージ**　歯車を用いた比較測長器である**ダイヤルゲージ**(dial gauge) の構造を**図 5.3** に示す。測定子と一体をなすスピンドルが直線運動すると，スピンドルに刻まれたラック（ピッチ p）がピニオン（歯数 Z_1）とかみ合い回転運動に変換される。さらにピニオンと一体の大歯車（歯数 Z_2）から指針ピニオン（小歯車：歯数 Z_3）に回転が拡大して伝えられる($N_2<N_3$)（基本原理 *1*)。**ダイヤルゲージの目量**（目盛に対応する測定量の大きさ：scale interval）s は

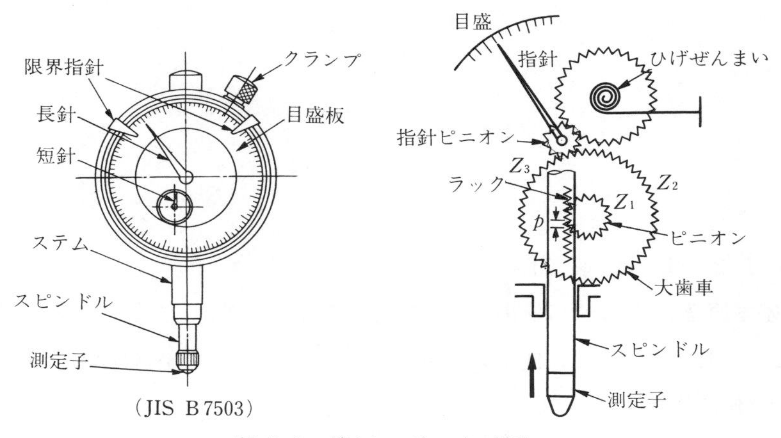

図 5.3　ダイヤルゲージの構造

$$s=\frac{pZ_1}{M(Z_2/Z_3)} \qquad (5.1)$$

となる。ここで M は目盛板の目盛数である。一般に現場でよく使われるダイヤルゲージの場合 $s=0.01$ mm，すなわち最小目盛 0.01 mm であるが，0.001 mm のものもある。また，図中のひげぜんまいによりスピンドルが戻る方向にトルクを作用し，歯車のバックラッシを除いている。しかし，歯車の製作誤差，軸受の遊びなどのため精度（確度）はあまりよくない。

〔*2*〕 **マイクロメータ**　　**マイクロメータ**（micrometer）の構成を**図 *5.4*** に示す。スピンドルとアンビルの間に被測定物を挟むことにより測定されるため，測定方向と測定ヘッド（スピンドル）が同一直線上にあるので，アッベの原理を満たしている（基本原理 *2*）。スピンドルはねじ機構で動くため，スピンドルの移動量 x と回転角 θ の比例関係から，回転角 θ を読み取ることによりスピンドルの移動量 x が求められる（基本原理 *3*）。一般にピッチ 0.5 mm のねじが用いられ，円周目盛は 50 等分されているので，1 目盛は 0.01 mm となる。

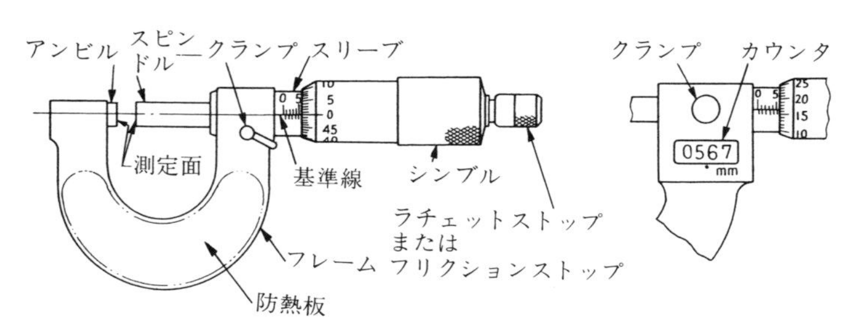

図 *5.4*　マイクロメータ（JIS B 7502）

5.1.2 弾　性　変　形

【基本原理】 フックの法則　　長さ L の棒を F〔N〕の力で引っ張る（圧縮する）と長さは ΔL だけ伸びる（縮む）。このとき，F が小さい範囲では，つぎの比例関係が成り立つ。

$$\frac{F}{S}=E\frac{\Delta L}{L}$$

ここで，S は棒の断面積であるので F/S は**垂直応力**（normal stress）σ〔Pa〕であり，右辺の $\Delta L/L$ は**垂直ひずみ**（normal strain）ε であるから，上式は

$$\sigma=E\varepsilon$$

となる。これを**フックの法則**（Hooke's law）といい，比例定数 E〔Pa〕は**ヤング率**（Young's modulus），または縦弾性係数と呼ぶ。また，応力を除くとひずみが 0 になる変形を弾性変形という。

せん断応力（shear stress）τ〔Pa〕と**せん断ひずみ**（shear strain）γ の間にも，ひずみが小さい範囲ではつぎのような比例関係が成立する。

$$\tau=G\gamma$$

ここで，比例定数 G〔Pa〕を**横弾性係数**（modulus of transverse elasticity）という。

〔*1*〕 **弾性変形式圧力計**　弾性変形を利用した圧力計としては，ブルドン管式圧力計，ダイヤフラム式圧力計，ベローズ式圧力計が広く用いられる。

一般に MPa 領域の高圧用に用いられる**ブルドン管式圧力計**（Bourdon-tube pressure gauge）は断面がだ円形の金属製の管で作られ，**図 *5*.*5*** に示すように輪の形状に曲げられている。この曲管の自由端は閉じられており，固定された他端から流体の圧力がかかると，内圧により管断面はだ円から円形へ変形する傾向にあり，結果として曲管は直管になろうとして自由端が連結棒を引っ張り，セクタ歯車，ピニオンを介して連動した指針が回転する。ブルドン管は圧力を抜くと曲管が元の形状に戻るフックの法則を満足する弾性体でできており（基本原理），材料として銅合金（低圧用）やステンレス鋼（高圧用）などが用いられる。

kPa 領域の常圧用としては**ベローズ式圧力計**（bellows pressure gauge），および**ダイヤフラム式圧力計**（diaphragm pressure gauge）が用いられるが，金属の弾性変形を基本原理としているのはブルドン管式と同じである。**図 *5*.*6*** にベローズとダイヤフラムの構成を示す。ベローズはアコーディオンのよう

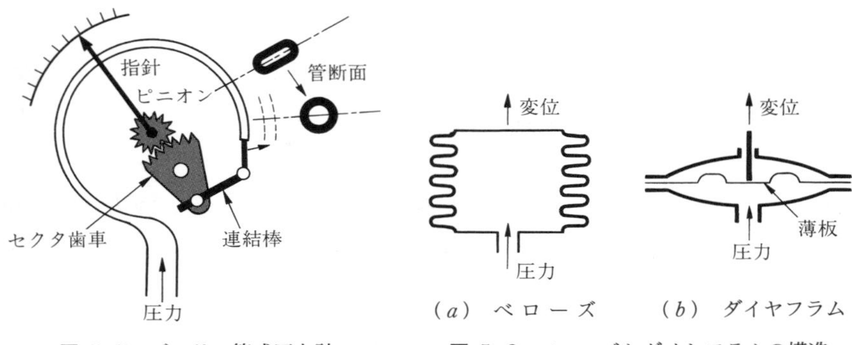

図 5.5　ブルドン管式圧力計　　**図 5.6**　ベローズとダイヤフラムの構造

な蛇腹の形状に作られており，圧力によりベローズが伸び縮みする。一方ダイヤフラムは薄い金属板でできており，圧力が加わると薄板がたわむ。このようなたわみや伸び縮みをブルドン管式と同様に指針に連動させることにより圧力計を構成する。材料としてはりん青銅，鋼などの金属材料以外にゴム，Si や Ge などの半導体単結晶薄板などの非金属材料も用いられる。

〔*2*〕 **弾性変形式温度計（金属温度計）**　前の圧力計で紹介したブルドン管やダイヤフラムは温度計にも利用されている。ブルドン管式圧力計の基本原理は圧力による弾性変形であるが，管内部の温度による気体や液体の圧力変化を利用すると，同じ原理で温度が測定できる。感温液体として水銀やエタノールなどの液体が一般に用いられている。このブルドン管圧力式温度計の先端の感温部とブルドン管の間は内径 0.1〜0.15 mm の導管（金属毛細管）でつながれており，その長さは 30 m 程度まで可能であり，遠隔測定できる。

図 5.7(*a*)に示すように熱膨張係数が α_1, α_2 と異なる二つの薄い金属板を張り合わすと温度変化により形状が変形する。これが**バイメタル**（bimetal）と呼ばれる温度変化を機械変化に変換する素子である。図(*a*)の平板片持形の構造の場合，温度が上昇すると上側の熱膨張係数が大きな金属板は下側の金属板よりも伸びが大きくなるため図のように下方に曲げられる。これは温度制御や温度監視用の電気スイッチ（サーモスタット）としても広く用いられているが，温度計に利用する場合には図(*b*)に示すように渦巻形バイメタルと指

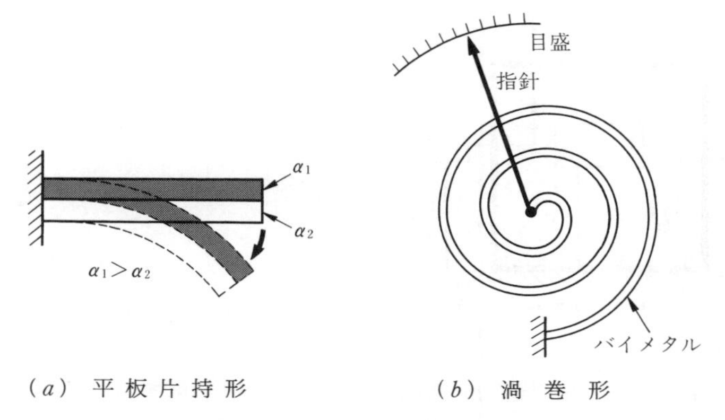

（a）平板片持形　　（b）渦巻形

図 5.7 バイメタル式温度計

針を連動させる構成とする。高熱膨張係数材料として，Ni-Cr-Fe，Mn-Cu-Ni 合金，低熱膨張係数材料として，インバー（Ni：30%，Mn：0.4%，C：0.2%，残りが Fe の合金）や Ni-Fe 合金などが用いられる。

圧力式温度計とバイメタル式温度計は総称して金属温度計と呼ばれ，サーモスタットとして家電製品に多く使用されている。その特長は電気入力が不要で機械的強度や操作性に優れていることである。

5.1.3 サイズモ系

【基本原理 *1*】 ニュートンの運動の第 2 法則　物体が力を受けると，その力の方向に加速度を生じ，その加速度の大きさは力 F に比例し，質量 m に反比例する。これは運動の第 2 法則で一般に次式で表される。

$$m\frac{d^2x}{dt^2}=F\left(x,\frac{dx}{dt},t\right)$$

ここで，右辺は力 F が変位 x，速度 dx/dt，時間 t の関数であることを示している。

【基本原理 *2*】 サイズモ系　**図 *5.8*** に示すように，箱の中の質量をばねと**ダンパ**（damper）を介して，枠に取り付けた構造のシステムを**サイズモ系**（seismic system）と呼ぶ。これは枠の下面に接した計測対象物体の変位，加速

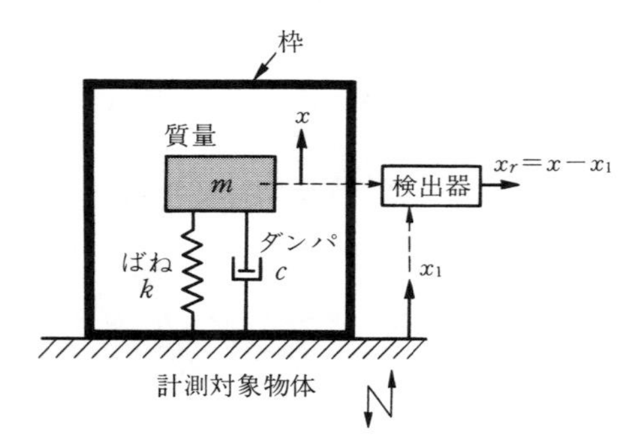

図 5.8　サイズモ系の構成

度などを枠と質量の相対運動を検出することにより計測するシステムであり，ロボット用センサ，地震計，航空機・車両などの振動計として用いられている。

質量の変位を x，対象物体の変位を x_1 とすると，この系の運動方程式は

$$m\ddot{x} + c(\dot{x} - \dot{x}_1) + k(x - x_1) = 0$$

となる（基本原理 *1*）。ここで，$\dot{x}$，$\ddot{x}$ はそれぞれ速度，加速度を表し，m〔kg〕は質量，k〔N/m〕はばね定数，c〔N･s/m〕はダンパの**粘性減衰係数**（viscous damping coefficient）である。すなわち，左辺第 2 項は減衰力，第 3 項は復元力を表している。

〔*1*〕 **加速度ピックアップ**　**加速度ピックアップ**（acceleration pickup）は対象物体に取り付けて，その加速度を測定するセンサである。基本原理 *2* の式を相対変位 $x_r (= x - x_1)$ を用いて書き換えると

$$m\ddot{x}_r + c\dot{x}_r + kx_r = -m\ddot{x}_1 \qquad (5.2)$$

となる。さらに，上式の標準化を行うと

$$\ddot{x}_r + 2\zeta\omega_n\dot{x}_r + \omega_n^2 x_r = -\alpha_1 \qquad \left(\omega_n = \sqrt{\frac{k}{m}},\ \zeta = \frac{c}{2\sqrt{mk}}\right) \qquad (5.3)$$

となる。ここで，ω_n〔rad/s〕は**固有円振動数**（natural circular frequency），ζ は**減衰比**（damping ratio），そして α_1〔m²/s〕は x_1 の加速度である。

このシステムを加速度 α_1 を入力，相対変位 x_r を出力とする計測系と考えると，式（*5.2*）は微分方程式の形で表されているので，この計測系の入出力関

係を即座に知るには不便である。そこで，ラプラス変換と呼ばれる方法で微分方程式を代数方程式の形に変換し，出力の入力に対する比で表現する。この比を**伝達関数**（transfer function）と呼ぶ。

ここではラプラス変換の詳細は他書に譲って，簡単に伝達関数を求める方法とその意味について説明する。伝達関数は微分演算子 $s^k = d^k/dt^k$ を用いて，微分方程式を代数方程式に変換して得られる出力/入力比である。式（5.2）から α_1 を入力，x_r を出力として伝達関数 $G(s)$（s はラプラス演算子）を求めると

$$G(s) = \frac{-1}{s^2 + 2\zeta\omega_n s + \omega_n{}^2} \tag{5.4}$$

となる。さらに，$s = j\omega$（ω は円振動数）とおくと

$$G(j\omega) = \frac{-(1/\omega_n)^2}{1 - \lambda^2 + j2\zeta\lambda} \tag{5.5}$$

となる。ただし，λ（$= \omega/\omega_n$）は振動数比である。$G(j\omega)$ を周波数伝達関数と呼ぶ。また，その絶対値はゲインと呼ばれ，入出力の振幅比を示し，位相は入出力の位相差を表す。ゲインと位相は次式で表される。

$$\left.\begin{aligned} |G(j\omega)| &= \left|\frac{x_r}{\alpha_1}\right| = \frac{(1/\omega_n)^2}{\sqrt{(1-\lambda^2)^2 + (2\zeta\lambda)^2}} \\ \varphi &= -\tan^{-1}\frac{2\zeta\lambda}{1-\lambda^2} - 180^\circ \end{aligned}\right\} \tag{5.6}$$

図 5.9 に示す $\omega_n{}^2|G(j\omega)|$ の特性から明らかなように，$\zeta = 0.7$ 程度にすると $\lambda \ll 1$ の条件（固有振動数より十分小さい振動数）で $\omega_n{}^2\,|\,G(j\omega)\,| \fallingdotseq 1$，また位相差 $\varphi \fallingdotseq -180^\circ$ となる。すなわち，検出される相対変位 x_r の振幅は対象物体の加速度振幅 α_1 の $1/\omega_n{}^2$ 倍になるため，加速度を測定できる。実際の検出器にはひずみゲージや圧電素子が用いられる。例えば，ひずみゲージを用いる場合，**図 5.10** のような構成となる。本体に固定された片持ばりの他端におもりを付けたもので，おもりが質量，片持ばりが板ばね，そして内部に満たされたシリコン油がダンパの役割を果たす。そして，板の両面に張り付けられたひずみゲージで相対変位を検出する。

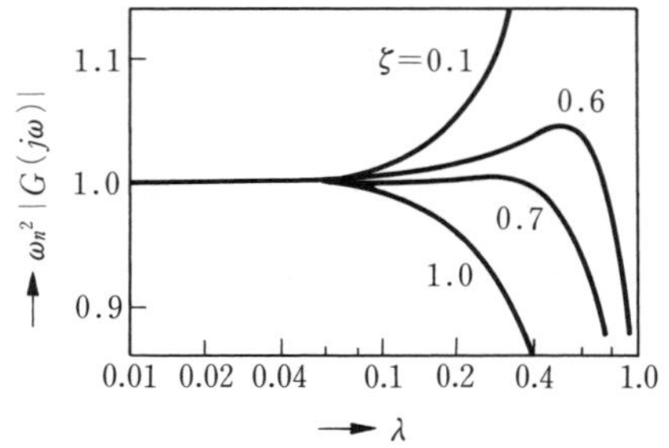

図 ***5.9***　加速度ピックアップの特性

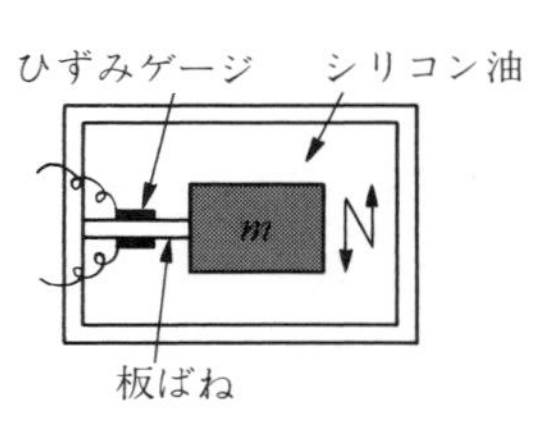

図 ***5.10***　加速度センサの構造

〔***2***〕 **変位ピックアップ**　　サイズモ系を用いれば加速度だけでなく，変位も検出できる。式（*5.2*）より

$$\ddot{x}_r+2\zeta\omega_n\dot{x}_r+\omega_n^2x_r=-\ddot{x}_1 \tag{5.7}$$

となる。x_1 を入力，x_r を出力とする計測系の伝達関数は

$$G(s)=\frac{-s^2}{s^2+2\zeta\omega_n s+\omega_n^2} \tag{5.8}$$

となり，周波数伝達関数は次式で表される。

$$G(j\omega)=\frac{\lambda^2}{1-\lambda^2+j2\zeta\lambda} \tag{5.9}$$

したがって，ゲイン，位相は

$$\left.\begin{aligned} |G(j\omega)|&=\left|\frac{x_r}{x_1}\right|=\frac{\lambda^2}{\sqrt{(1-\lambda^2)^2+(2\zeta\lambda)^2}} \\ \varphi&=-\tan^{-1}\frac{2\zeta\lambda}{1-\lambda^2} \end{aligned}\right\} \tag{5.10}$$

となる。**図 *5.11*** に示す｜$G(j\omega)$｜の特性から明らかなように，$\zeta=0.7$ 程度にすると $\lambda\gg1$ の条件（固有振動数より十分大きい振動数）で｜$G(j\omega)$｜≒1，φ≒$-180°$ となる。すなわち，検出される相対変位 x_rの振幅は対象物体の変位振幅 x_1 に等しくなり，変位を測定できるため，**変位ピックアップ**（displacement pickup）として利用できる。この場合，質量 m は静止しており，不動点を作り出していることになる。

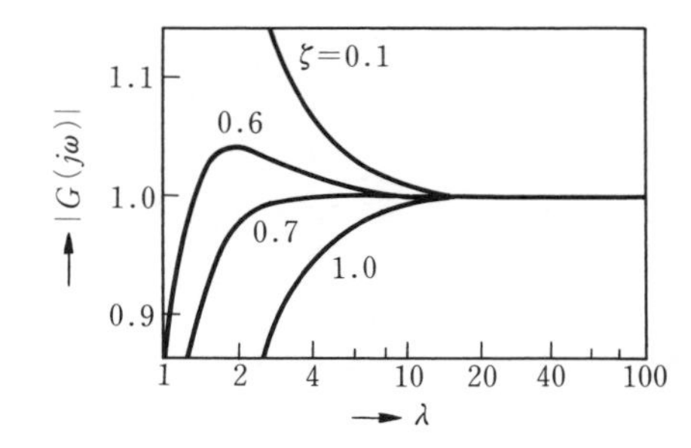

図 5.11　変位ピックアップの特性

5.1.4 ジャイロ効果

【基本原理 1】 角運動量の式　回転系におけるニュートンの運動の第2法則は次式で表される。

$$\frac{dL}{dt}=T\left(\theta,\frac{d\theta}{dt},t\right)$$

ここで，L〔kgm²/s〕は角運動量，T〔Nm〕はトルク（力のモーメント），そして θ〔rad〕は角変位である。

【基本原理 2】 ジャイロスコープ　x,y,z の3軸のうち，1軸の周りには高速回転する回転体を持ち，それをほかの2軸の周りに回転自由なジンバル機構で支えている器械を**ジャイロスコープ**（gyroscope）と呼ぶ。その回転軸は，外力を加えないかぎり，空間に対して一定方向を指し続ける。この特性を回転惰性（方向保持性）という。

〔1〕 角速度センサ　図 5.12 に**レートジャイロ**（rate gyro）の構成を示す。回転体は z 軸の周りに高速回転し，それを支えるジンバルは y 軸周りに回転可能で，さらにジンバルを支えるもう一つのジンバルは x 軸周りに回転可能である。

ビークル（車や船）における姿勢角には**ロール**（roll），**ピッチ**（pitch），**ヨー**（yaw）の3成分があるが，いま図のように，このレートジャイロの y 軸の両端をビークルのフレームに固定し，x 軸周りの回転（ロール）角速度を検出する場合を考える。ビークルがロール方向に ϕ〔rad〕傾くとすると，この回転

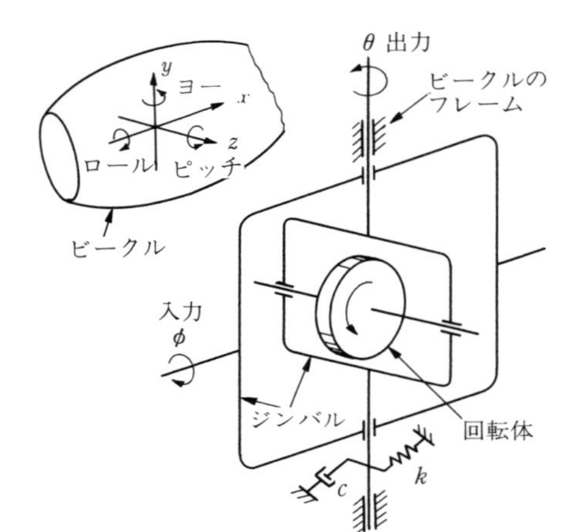

図 5.12　レートジャイロの構成

系の y 軸周りの運動方程式は

$$\frac{d}{dt}\left(-H\cos\theta\sin\phi+I_y\frac{d\theta}{dt}\right)+c\frac{d\theta}{dt}+k\theta=0 \tag{5.11}$$

となる（基本原理 1）。ここで，H〔kg•m²/s〕は高速回転体の角運動量，I_y〔kg•m²〕は y 軸周りの慣性モーメント，そして c〔N•s•m〕, k〔N•m/rad〕は y 軸の回転に作用する粘性減衰係数とばね定数である。ϕ, θ〔rad〕はそれぞれ x, y 軸周りの角変位で，ϕ を入力，θ を出力と考えることができる。ϕ, θ は微小であると仮定すると，上式は

$$I_y\ddot{\theta}-H\dot{\phi}+c\dot{\theta}+k\theta=0 \tag{5.12}$$

となる。前項の式（5.4）と同様，ラプラス変換の手法を用いて上式を代数方程式の形に変換し，入力角速度に対する出力角変位 $\theta/\dot{\phi}$ の伝達関数を求めると

$$\frac{\theta}{\dot{\phi}}(s)=\frac{\theta}{s\phi}(s)=\frac{H}{I_y s^2+cs+k} \tag{5.13}$$

と簡単化できる。ここで，$k\gg I_y, c$ とすると

$$\frac{\theta}{\dot{\phi}}(s)\cong\frac{H}{k} \tag{5.14}$$

となり，検出される角変位 θ はビークルの姿勢角速度 $\dot{\phi}$ に比例する。これを

レートジャイロという。

〔*2*〕 **角変位センサ**　式（*5.12*）から入力角変位に対する出力角変位 θ/ϕ の伝達関数を求めると

$$\frac{\theta}{\phi}(s)=\frac{Hs}{I_y s^2+cs+k} \tag{5.15}$$

となる。ばねを取り去り $(k=0)$，$c \gg I_y$ とすると

$$\frac{\theta}{\phi}(s)\cong\frac{H}{c} \tag{5.16}$$

となり，検出される角変位 θ はビークルの姿勢角変位 ϕ に比例する。これを**レート積分ジャイロ**（rate-integrating gyro）という。

以上の機械式ジャイロのほかに，光の到達時間のずれを利用したレーザジャイロや圧電素子を用いた振動ジャイロ，高速回転体の代わりにガスの高速運動を利用したガスジャイロなどがある。

5.2　電気電子式センサ

5.2.1　抵　抗　変　化

【基本原理 *1*】 オームの法則　導線上の2点間の電圧 V〔V〕は流れる電流 I〔A〕に比例する。これをオームの法則といい，次式で表される。

$$V=RI$$

ここで，比例定数 R〔Ω〕は抵抗で，電流の流れにくさを表す。

【基本原理 *2*】 抵　抗　率　金属抵抗線などの導体の抵抗値 R〔Ω〕は，つぎのように長さ l に比例し，断面積 A〔m²〕に反比例する。

$$R=\frac{\rho l}{A}$$

ここで，ρ〔Ω･m〕は**抵抗率**（electrical resistivity）である。

【基本原理 *3*】 ポアソン比　弾性体の棒を縦に伸ばすと横に縮み，逆に縦に縮ませると横に伸びる。例えば，弾性体の円柱の長さ l を伸ばしたときの変化分を Δl，それに伴う半径 r の変化分を $-\Delta r$ とすると**ポアソン比**

(Poisson's ratio) ν は次式で与えられる。

$$\nu = -\frac{\Delta r/r}{\Delta l/l}$$

すなわち，縦ひずみに対する横ひずみの割合を示す。

〔*1*〕 **ポテンショメータ（変位・角度センサ）**　ポテンショメータ (potentiometer) は変位・角度を測るセンサで直動形（変位検出）と回転形（角度検出）がある。回転形の基本構成を**図 *5.13*** に示す。その基本原理は円周状（直線状）に巻かれた抵抗体に一定の電圧 E をかけ，ブラシでしゅう動することにより，その角度（位置）に対応した出力電圧 V〔V〕を得るものである。シャフト（ブラシ）が角度 θ 度回転したとき，抵抗体の全抵抗を R〔Ω〕とすると，ブラシによるしゅう動部の抵抗 $r(\theta)$ は

$$r(\theta) = \frac{\theta}{360}R \tag{5.17}$$

となり，出力電圧 V は次式で表される（基本原理 *1*）。

$$V = r(\theta)I = \frac{r(\theta)}{R}E = \frac{\theta}{360}E \tag{5.18}$$

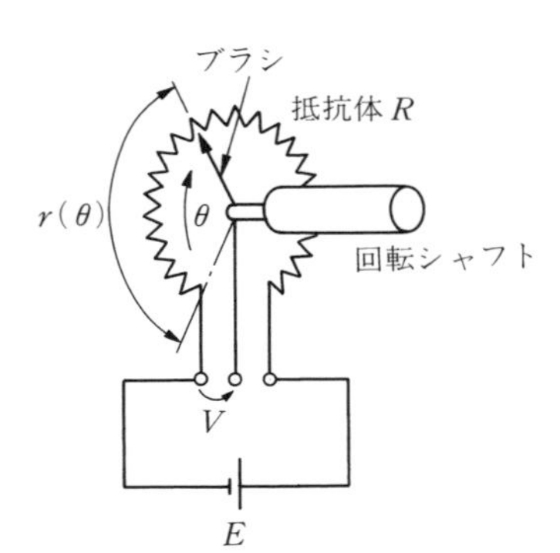

図 *5.13*　回転形ポテンショメータの基本構成

上式から出力電圧は抵抗体の抵抗値に関係なくなるため，温度変化に対する抵抗変化の影響はないことがわかる。ただし，出力電圧 V を電圧計で測定する場合，電圧計の内部抵抗により同一角度で出力電圧に変化が生じる。これを負荷効果といい，内部抵抗が抵抗体の抵抗値 R に比べて十分大きければ問題とならない。

〔2〕 **ひずみゲージ** **ひずみゲージ**（strain gauge）は導体がひずみを受けると抵抗が変化することを利用したセンサである。**図 5.14** のように非常に細い金属抵抗線を薄紙，またはエポキシ樹脂などの薄片上に接着したものが一般的である。

基本原理 2 の式より，抵抗の変化率 $\Delta R/R$ は

$$\frac{\Delta R}{R}=\frac{\Delta\rho}{\rho}+\frac{\Delta l}{l}-\frac{\Delta A}{A} \tag{5.19}$$

と表せる。$\Delta\rho$，Δl，ΔA はそれぞれ抵抗率，長さ，断面積の変化分である。ひずみ $\Delta l/l$ を ε とおくと，ひずみに対する抵抗変化率，すなわちゲージファクタ K は

$$K=\frac{\Delta R/R}{\varepsilon}=1+2\nu+\frac{\Delta\rho/\rho}{\varepsilon}\cong 1+2\nu \qquad \left(\frac{\Delta\rho}{\rho}\cong 0\right) \tag{5.20}$$

となる。ここで，ν はポアソン比で，$\Delta A/A=-2\nu\varepsilon$ である（基本原理 3）。このようにゲージファクタ K は，ひずみゲージ用の抵抗線の材料によって決まる値であり，抵抗線材料として温度係数が小さく抵抗値が安定なアドバンス（Ni：43%，Cu：57%），コンスタンタン（Ni：40%，Cu：60%），ニクロム（Ni：60%，Cr：16%，Fe：24%）などの合金が使われる。おもな抵抗線のゲージファクタ K は 1.7-3.6 程度の値である。金属線の代わりに半導体を用いた半導体ひずみゲージは，100 以上のゲージファクタの値を持つため感度は高くなるが，温度特性は抵抗線に比べて悪い。

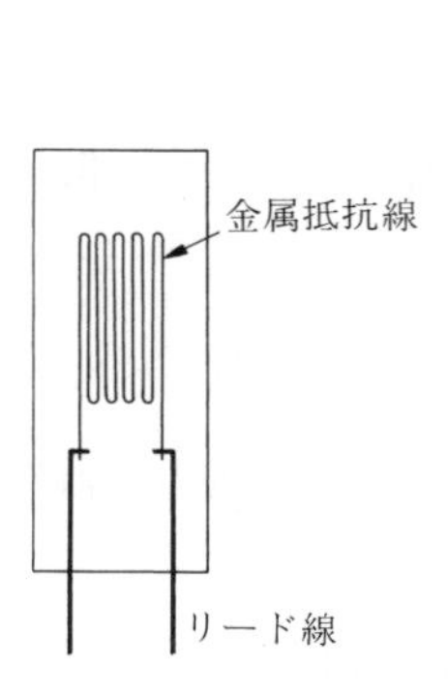

図 5.14 ひずみゲージ

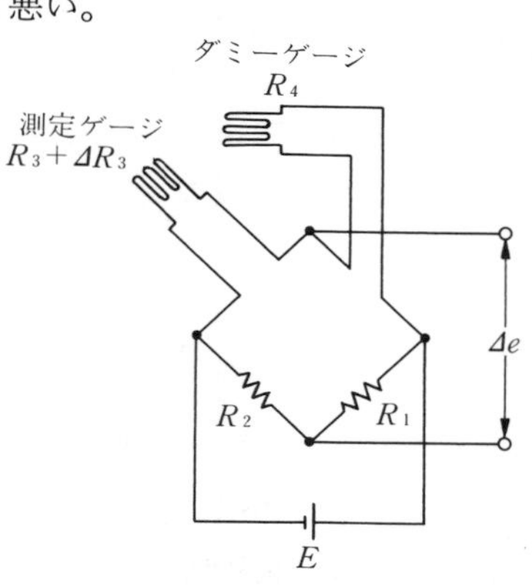

図 5.15 ブリッジ測定回路

測定にあたっては**図 *5.15*** に示すような**ホイートストンブリッジ**（Wheatstone bridge）**回路**が用いられる。抵抗の微小変化に対する電圧の微小変化 Δe は，当初回路が平衡状態にある（$R_1R_3=R_2R_4$）とすれば

$$\Delta e=\frac{a}{(1+a)^2}\left\{\left(\frac{\Delta R_1}{R_1}\right)-\left(\frac{\Delta R_2}{R_2}\right)+\left(\frac{\Delta R_3}{R_3}\right)-\left(\frac{\Delta R_4}{R_4}\right)\right\}E$$

$$\left(a=\frac{R_2}{R_1}=\frac{R_3}{R_4}\right) \tag{5.21}$$

となる。ここで，$R_1=R_2=R_3=R_4=R$ とし，R_3 を測定用ゲージとすると，$\Delta R_3=\Delta R$，$\Delta R_1=\Delta R_2=\Delta R_4=0$ であるから，Δe は

$$\Delta e=\frac{1}{4}\left(\frac{\Delta R}{R}\right)E=\frac{1}{4}K\varepsilon E \tag{5.22}$$

となり，ひずみ ε に比例する出力電圧が得られる。

ダミーゲージによる温度補償　ひずみゲージは温度の変化に対しても抵抗値が変化するので温度補償が必要となる。いま，ひずみによる抵抗変化と温度による抵抗変化をそれぞれ添字 ε，T で表すと，式（*5.21*）より

$$\Delta e=\frac{a}{(1+a)^2}\left\{\left(\frac{\Delta R_1}{R_1}\right)_T-\left(\frac{\Delta R_2}{R_2}\right)_T+\left(\frac{\Delta R_3}{R_3}\right)_T+\left(\frac{\Delta R_3}{R_3}\right)_\varepsilon-\left(\frac{\Delta R_4}{R_4}\right)_T\right\}E \tag{5.23}$$

となる。ここで $R_1=R_2=R$ で，かつ両抵抗を同一温度条件下におけば温度による抵抗変化率は相殺され

$$\Delta e=\frac{a}{(1+a)^2}\left\{\left(\frac{\Delta R_3}{R_3}\right)_T+\left(\frac{\Delta R_3}{R_3}\right)_\varepsilon-\left(\frac{\Delta R_4}{R_4}\right)_T\right\}E \tag{5.24}$$

となる。さらに図に示すように，R_4 をダミーゲージとして測定ゲージの近くに持ってくると，$R_3=R_4=R$ であれば両者の温度による抵抗変化率は同じとなり

$$\Delta e=\frac{a}{(1+a)^2}\left\{\left(\frac{\Delta R_3}{R_3}\right)_\varepsilon\right\}E=\frac{1}{4}\left(\frac{\Delta R}{R}\right)E \tag{5.25}$$

となる。このように，上式には温度変化の影響の項がなくなり，測定ゲージのひずみによる抵抗変化率のみに比例した出力電圧が得られる。

〔*3*〕 **ロードセル（荷重計）**　ひずみゲージを力センサとして用いるため

には，弾性体の表面にひずみゲージを接着し，弾性体に加わる力によるひずみを測定すればよい。

図 5.16 に**荷重計**（**ロードセル**：load cell）の原理を示す。この場合 A,B,C,D の四つのひずみゲージ（抵抗は同じ）を図のように弾性体に張り付け，抵抗の変化を前述と同様，ホイートストンブリッジにより測定する。弾性体の圧縮・引張に対する縦方向のひずみに対して A,C のゲージの抵抗変化率は

$$\left(\frac{\Delta R_A}{R_A}\right)_\varepsilon=\left(\frac{\Delta R_C}{R_C}\right)_\varepsilon=\left(\frac{\Delta R}{R}\right)_\varepsilon \tag{5.26}$$

となる。また，横方向のひずみに対しては B,D のゲージの抵抗が変化し

$$\left(\frac{\Delta R_B}{R_B}\right)_\varepsilon=\left(\frac{\Delta R_D}{R_D}\right)_\varepsilon=-\nu_R\left(\frac{\Delta R}{R}\right)_\varepsilon \tag{5.27}$$

となる（基本原理 3）。ここで ν_R は弾性体のポアソン比である。したがって，$R_A=R_B=R_C=R_D=R$ とすると，式（5.21）より出力電圧の変化は

$$\Delta e=\frac{1}{4}\left\{2\left(\frac{\Delta R}{R}\right)_\varepsilon+2\nu_R\left(\frac{\Delta R}{R}\right)_\varepsilon\right\}E=\frac{1}{2}(1+\nu_R)\left(\frac{\Delta R}{R}\right)_\varepsilon E$$

$$=\frac{1}{2}K\varepsilon(1+\nu_R)E \tag{5.28}$$

となる。したがって，弾性体に加えられた力，すなわち荷重 W〔N〕は

$$W=\sigma S=\varepsilon E_S S=\frac{2E_S S}{K(1+\nu_R)}\frac{\Delta e}{E} \tag{5.29}$$

となる（5.1.2 項の基本原理）。ここで，σ〔Pa〕，E_S〔Pa〕，S〔m²〕はそれぞ

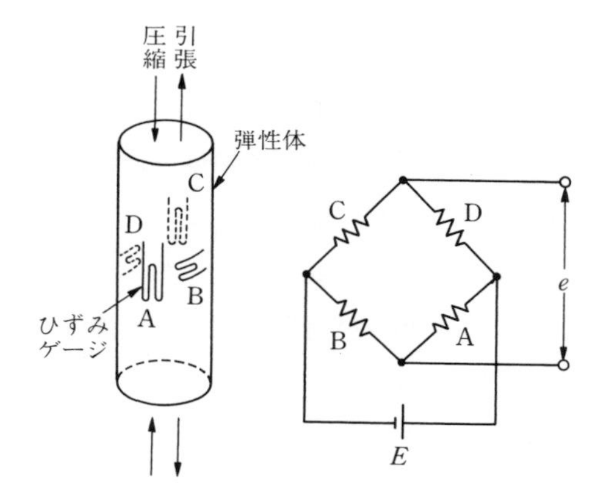

図 5.16　荷重計の原理

れ弾性体の応力，ヤング率，断面積である。この場合，四つのゲージとも弾性体に取り付けられており，等温度条件を満たすので温度補償が不要で同時に感度が上がることがわかる。このようなゲージ構成を4アクティブゲージ法という。

〔*4*〕 **トルクセンサ**　ひずみゲージを用いてトルクを測る手法は，基本的には前述のロードセルの場合と同じである。**図*5.17*** に示すように，弾性体の円形断面棒のねじりをひずみゲージで測定する。棒がねじれると軸に対し45°の方向に圧縮・引張が生じるので，表面に4枚のひずみゲージを接着すると，曲げ成分を打ち消して，ねじりひずみ成分のみ検出される。ねじれ角 θ とトルク T〔N・m〕は，つぎのような比例関係にあるので，トルクを測定できる（*5.1.2* 項の基本原理，ならびに材料力学の参考書を参照）。

$$\theta=\frac{32L}{\pi d^4 G}T \qquad (5.30)$$

ここに，L は棒の長さ，d は棒の直径，G〔Pa〕は**横弾性係数**（modulus of transverse elasticity）である。

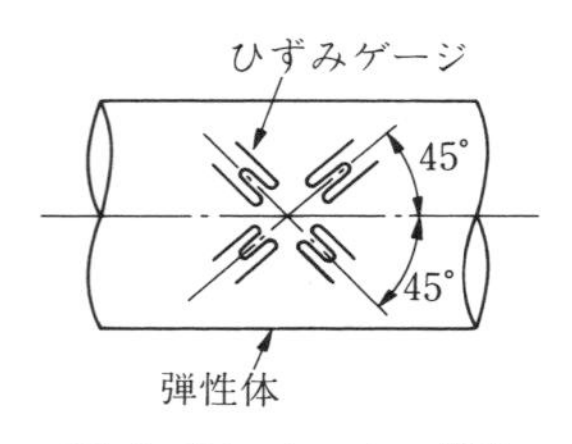

図 *5.17* トルクの測定

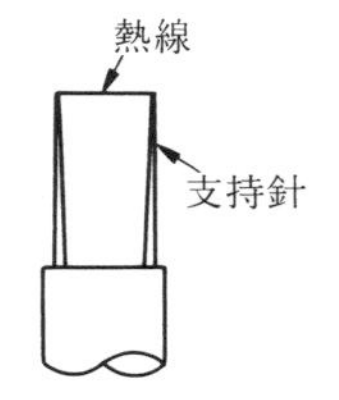

図 *5.18* 熱線プローブ

〔*5*〕 **熱線流速計**　ピトー管（*5.3.2* 項）は応答が悪いため平均速度しか測定できないが，温度による抵抗変化の原理に基づく**熱線流速計**（hot-wire anemometer）は応答がよく，動的な速度変動をとらえることができるため，乱流計測に多く用いられている。熱線には直径5 μm程度のタングステン線や白金線が使われ，**図 *5.18*** のように，2本の支持針にスポット溶接され，熱線プローブとなる。液体用には，くさび状のプローブの先に厚さ1 μm程度の白金膜を付着した**熱膜流速計**（hot-film anemometer）が使われる。熱線の熱平衡式は複雑であるが実験的に次式のように表されることがわかっている。

$$i^2R_w-(T_w-T)(a+bv^n)=C_w\frac{dT_w}{dt} \tag{5.31}$$

ここで，i〔A〕は熱線に流れる電流，R_w〔Ω〕は熱線の抵抗，T_w〔K〕は熱線の温度，T〔K〕は流れの温度，C_w〔J/K〕は熱線の熱容量，v〔m/s〕は流速，a, b, n は定数，である。

熱線の加熱方式としては定電流法と定温度法があるが，定温度法が現在では主流となっている。定温度法では熱線の温度を一定に保つよう制御されるので，$dT_w/dt=0$ となり，原理的に熱線の熱容量の影響を受けないので，式(5.31) は

$$i^2=\frac{1}{R_w}(T_w-T)(a+bv^n)=A+Bv^n \tag{5.32}$$

となる。ここで，A, B, n は校正によって決められるから，電流 i を測定することにより，流速 v が求められる。**図 5.19** に定温度法の測定回路を示す。ブリッジの一つの抵抗辺が熱線で，ブリッジ出力は OP アンプにつながれ，OP アンプの出力電流がブリッジ電流となって熱線は加熱され，ほぼ平衡状態（ブリッジに電流を流すため，わずかに不平衡状態）にある。したがって，流速が増加すると温度低下に伴う熱線抵抗値の低下により，ブリッジが不平衡状態となり，OP アンプの出力電流が増加して熱線の温度を元に戻す。すなわち，熱線の温度はフィードバック的に一定に保持され，制御電流（誤差電流）i の大きさで流速を知ることができる。

〔*6*〕 **マイクロホン（抵抗変化変換方式）**　　この方式は機械的ひずみによる抵抗値の変化を利用したものである。**図 5.20** に示すように直流回路に可変抵抗体を接続する。振動板が音波の力により，変位すると抵抗値が変化し，負荷抵抗 R_l〔Ω〕に流れる電流が変化する。元の電流を i〔A〕，変化分を $\varDelta i$ とすると

$$i+\varDelta i=\frac{E}{R_l+R_0\left(1-\dfrac{x}{l}\right)}=\frac{E}{(R_l+R_0)\left(1-\dfrac{R_0}{R_l+R_0}\dfrac{x}{l}\right)} \tag{5.33}$$

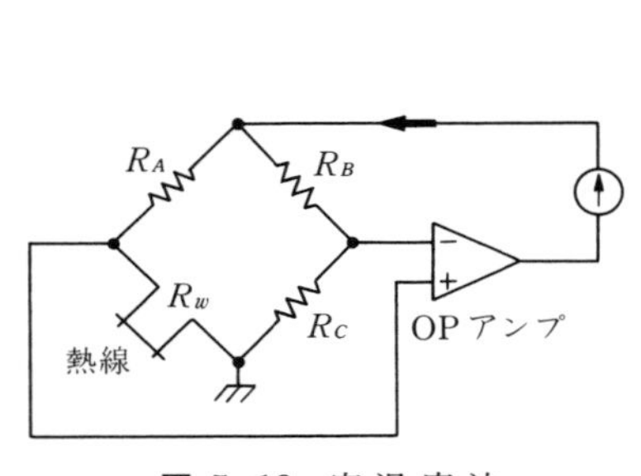

図 5.19　定温度法

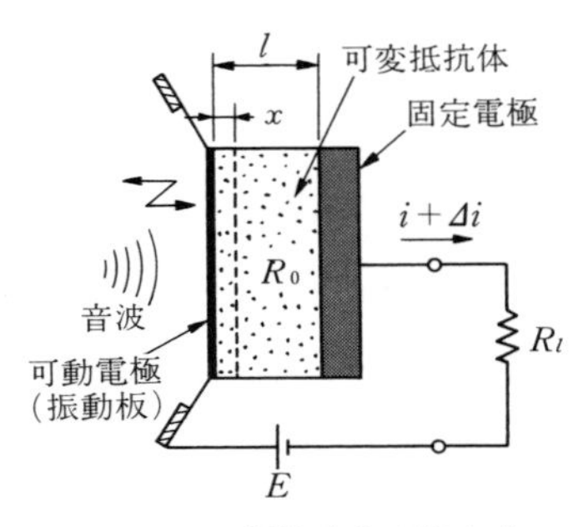

図 5.20　抵抗変化変換方式マイクロホン

となる（基本原理 *1*）。ここで，E〔V〕は電源電圧，R_0〔Ω〕はひずみを受けないときの抵抗値，l〔m〕は抵抗体の長さ，そして x〔m〕は振動板の変位（縮む方向を正にとる）である。x/l は微小項であることを考慮すると式（5.33）から，Δi は

$$\Delta i \cong \frac{E}{R_l+R_0}\left(1+\frac{R_0}{R_l+R_0}\frac{x}{l}\right)-\frac{E}{R_l+R_0}$$

$$=\frac{ER_0}{(R_l+R_0)^2 l}x \tag{5.34}$$

となり，電流の変化分 Δi は振動板の変位 x に比例する。この方式では，上式からわかるように電源電圧 E を大きくすれば，Δi の出力を大きくできるため，電話の送話器などに広く用いられている。可変抵抗体として炭素粒，抵抗線，金属薄膜，半導体結晶などが用いられる。

〔*7*〕 **サーミスタ（温度センサ）**　半導体のうち特に生産性，安定性に優れ，実用的な抵抗値，温度係数を持つものがサーミスタで，**図 5.21** にその抵抗-温度特性を示す。抵抗値 R〔Ω〕は現在実用化されている Mn, Co, Ni, Fe, Cu などの酸化物焼結体である **NTC**（negative temperature coefficient thermistor）と呼ばれるサーミスタの場合

$$R=R_0\exp\left(B\left(\frac{1}{T}-\frac{1}{T_0}\right)\right) \tag{5.35}$$

と表される。ここで，B〔K〕はサーミスタ定数，R_0〔Ω〕は基準温度 T_0〔K〕で

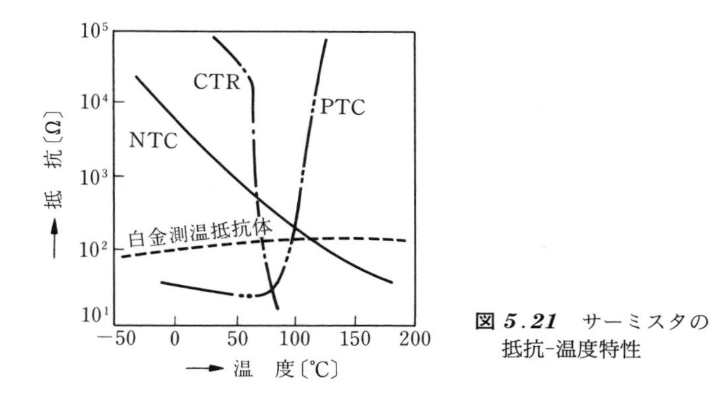

図 5.21 サーミスタの抵抗-温度特性

の抵抗値である。式（*5.35*）から温度係数 α〔K^{-1}〕を求めると

$$\alpha=\frac{1}{R}\frac{dR}{dT}=-\frac{B}{T^2} \tag{5.36}$$

となり，図のように負の温度係数を示す。

同じように抵抗の温度依存性を利用した温度センサである白金測温抵抗体と比べると，温度係数の絶対値は高く，10倍程度の高感度が得られ，また小形で熱容量が小さく速応性に優れているので，家電製品，自動車などに広く用いられている。しかし，同一の温度特性のものを得ることが困難であるため互換性に欠けることや経年変化などの問題点がある。

サーミスタとしてはNTC以外に，ある温度範囲で抵抗値が急増する **PTC** (positive temperature coefficient thermistor)や，ある温度範囲で抵抗値が逆に急減する **CTR**（critical temperature resistor）が開発されている。PTCやCTRは抵抗が急変することに注目して温度スイッチや温度監視装置などに用いられる。

5.2.2 容 量 変 化

【基本原理 *1*】 コンデンサの静電容量　図 *5.22* に示すような2枚の平行な極板の間に誘電体（絶縁体）を入れたときの**静電容量**（electrostatic capacity）C〔F〕は次式で表される。

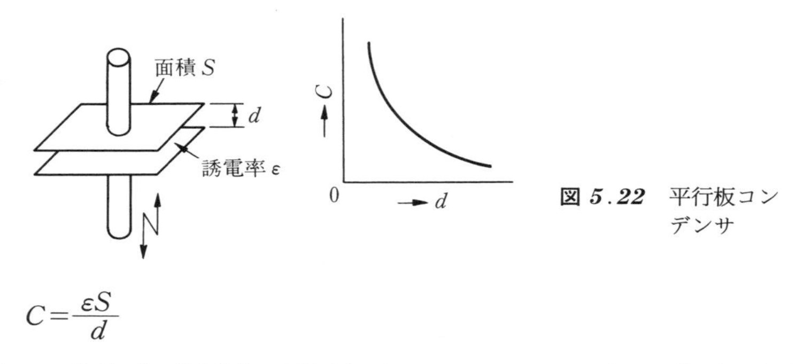

図 5.22　平行板コンデンサ

$$C=\frac{\varepsilon S}{d}$$

ただし，ε〔F/m〕は誘電体の**誘電率**（dielectric constant），S〔m^2〕は極板の有効面積，そして d〔m〕は極板間距離である。このような構成を平行板コンデンサという。

【基本原理 *2*】　コンデンサの電気量　　平行板コンデンサの極板間の電位差 V〔V〕と電気量 Q〔C〕との関係は

$$Q=CV$$

で与えられる。

〔*1*〕　静電容量形センサ（変位センサ）　　基本原理 *1* の式より極板間距離 d を $\varDelta d$ だけ微小変化したとき，容量 C の変化 $\varDelta C$ の変化率はつぎのようになる。

$$\frac{\varDelta C}{C}=-\frac{\varDelta d}{d} \tag{5.37}$$

すなわち，これは極板の変位を容量の変化に変換する変位センサで，容量の変化をさらに電圧の変化に変換して検出する。

図 5.23 の構成のように 3 枚の極板を組み合わせる差動方式を用いるのが一般的で，この場合にはそれぞれの容量は

$$C_1=\frac{\varepsilon S}{d+\varDelta d},\quad C_2=\frac{\varepsilon S}{d-\varDelta d} \tag{5.38}$$

と表され，微小変位 $\varDelta d$ と電圧差 $\varDelta V$ の関係は次式のようになる（基本原理 *2*）。

$$\Delta V = V_1 - V_2 = \frac{V}{d}\Delta d \tag{5.39}$$

このセンサの特徴は感度 $\Delta C/\Delta d$ が高く，測定範囲は 1 mm 程度に限られるが，10 nm 程度の微小変位の測定も可能であることである。また，静電容量形センサには，ほかに上下の極板を相対的に動かすことにより有効断面積 S を変化する S 変化方式と極板の間の誘電体を動かす ε 変化方式がある。

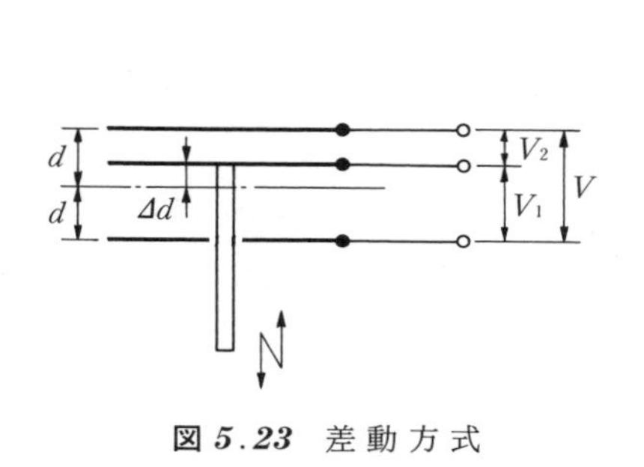

図 5.23 差 動 方 式

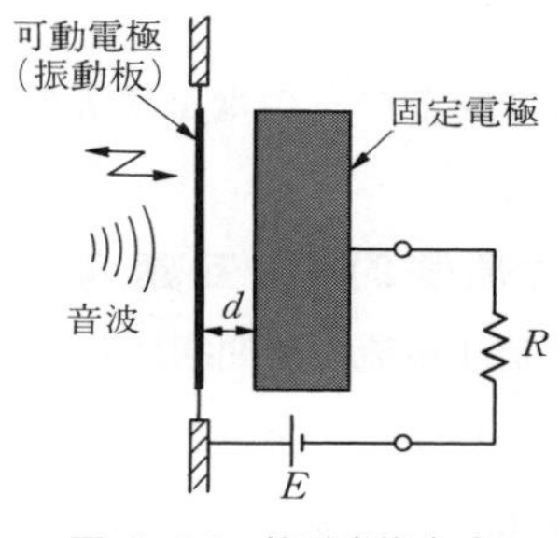

図 5.24 静電変換方式マイクロホン

〔2〕 **コンデンサマイクロホン（静電変換方式）** **図 5.24** に示すように，静電変換方式では，可動電極（振動板）と固定電極との間の静電容量の変化を利用しており，その原理は前述の静電容量形の変位センサと同じである。すなわち，音波の動的な力によって振動板が変位し，その変位に応じて極板間距離 d が変化する結果，静電容量が変化し，それに応じて電流が流れる。この方式は，構造が簡単なため小形化が可能で，比較的特性もよく，振幅が小さくてもよいマイクロホンとして多く用いられている。一般に**コンデンサマイクロホン**（capacitor microphone）と呼ばれる。

逆に，極板間に電圧を印加すると静電力により振動板が変位するので，スピーカとしても用いられる。この場合，電圧の向きにかかわらず吸引力が働くため，バイアスの直流電圧に入力電圧を重ねて印加する。入力電圧が直流電圧と同じ方向ならば吸引力は増加し，逆ならば吸引力は減少し，入力電圧にほぼ比例して振動板が変位し，音波を発生できる。

5.2.3 電磁誘導

【基本原理 1】 電磁誘導の法則　コイルに磁石を近づけたり遠ざけたりするなど，外部からの影響によってコイルを貫く磁束を変化させると，その変化を打ち消す方向に誘導起電力が生じる。これを**レンツの法則**といい，生じる誘導起電力の大きさ V〔V〕は次式のようである。

$$V = -\frac{d\phi}{dt}$$

これを**ファラデーの電磁誘導の法則**と呼び，ϕ〔Wb〕はコイルに鎖交する磁束数である。

【基本原理 2】 相互誘導　接近した二つのコイルの片方（第1のコイル）に流す電流を時間的に変化させると，磁場が変化し，他方のコイル（第2のコイル）を貫く磁束も変化するので，第2のコイルに誘導起電力が生じる。この現象を相互誘導という。

【基本原理 3】 フレミングの右手と左手の法則　磁束密度 B〔T〕の磁界中で導線を磁束の方向と直角に速度 v〔m/s〕で動かすとき，導線内に起電力が発生する。**図 5.25** に示すように，右手の親指を導線の動く方向，人差し指を磁場の方向にとると，誘導起電力の向きは中指の方向となる（その方向に電流が流れる）。これを**フレミングの右手の法則**という。また，誘導起電力 V〔V〕はファラデーの電磁誘導の法則からつぎのように導かれる。

$$V = Blv$$

ここで，l〔m〕は磁場中の導線の長さである。

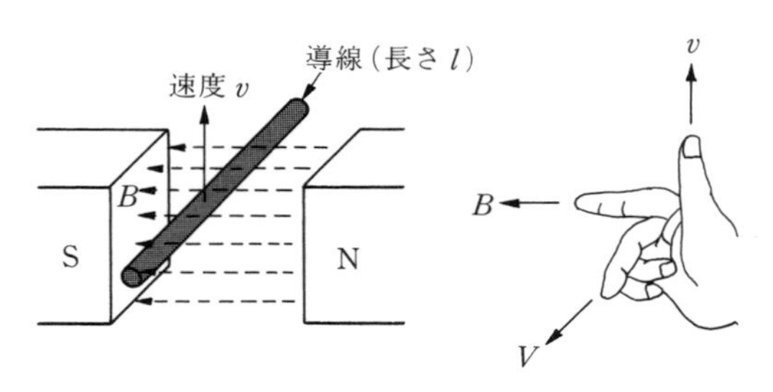

図 5.25　フレミングの右手の法則

つぎに，磁束密度 B〔T〕の磁界中で導線を磁束の方向と直角におき，電流を流すと導線に力（電磁力）が働く。**図 5.26** に示すように，左手の中指を電流の向き，人差し指を磁場の方向にとると，力の向きは親指の方向となる。これを**フレミングの左手の法則**という。また，電磁力 F〔N〕はつぎのように表される。

$$F=IBl$$

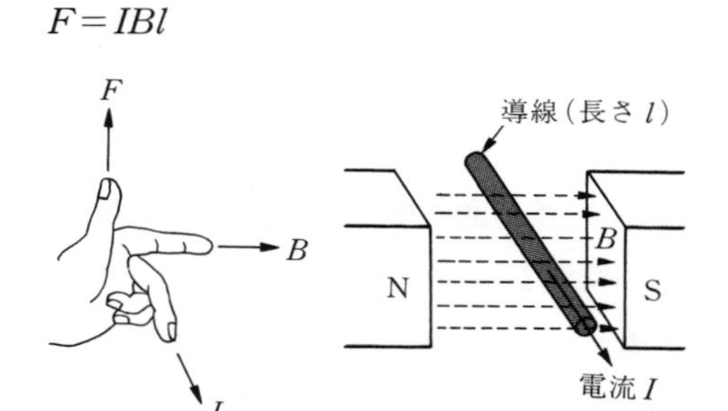

図 5.26　フレミングの左手の法則

【基本原理 4】　渦　電　流　　**図 5.27** のように交流電流が流れるコイルを金属板に近づけると，コイルによる磁束が金属板を貫くため，電磁誘導の法則により金属板にリング状の誘導電流が流れる。これを**渦電流**（eddy current）と呼ぶ。この誘導電流の向きはコイルの磁束の変化を打ち消す方向である。

〔1〕　タコジェネレータ（回転速度センサ）　　タコジェネレータは発電機の原理を利用した回転速度センサで，**図 5.28** に直流発電機方式の構成を示

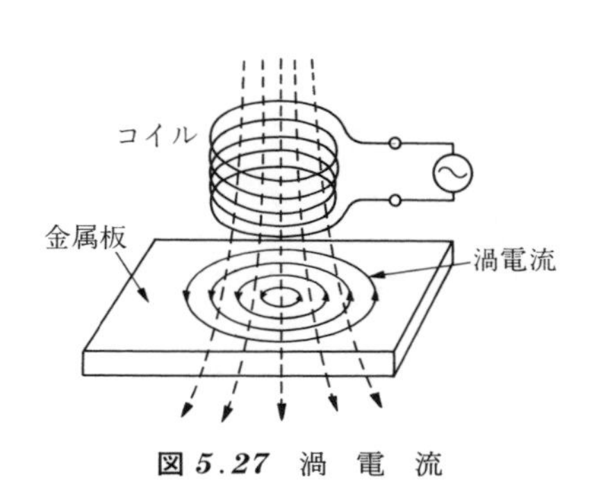

図 5.27　渦　電　流

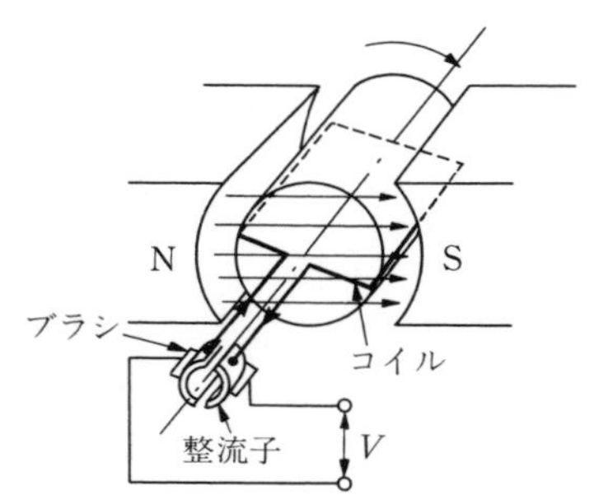

図 5.28　直流発電機方式タコジェネレータの原理

す。磁極間のコイルを回転させると，誘導起電力が生じ，コイルに電流が流れる（基本原理 *1*，*3*）。コイルに生じる電圧は交流であるが，整流子とブラシにより直流電圧(電流)を取り出すこともできる。基本原理 *1* の式中で $d\phi/dt$ は回転速度に比例するから回転速度センサの代表的な形式として利用されている。

方式としては直流発電機方式以外に交流発電機方式，交流誘導発電機方式の3種類があり，サーボモータと直結一体化したものが速度フィードバック用によく用いられている。

〔*2*〕 **差動変圧器（変位センサ）**　**差動変圧器**（**LVDT**：linear variable differential transformer）は三つの巻線を持つ可動鉄心形変圧器である。一般に変圧器では，一次コイルに一定周波数の交流電圧を加えると相互誘導（基本原理 *2*）により，一次と二次コイルの巻線比に比例して二次コイルに交流電圧が発生する。

図 *5.29* に示すように，差動変圧器では e_1 と e_2 の差の電圧 e_o を出力するようになっており，またコイル中心部には可動コア（鉄心）が置かれている。鉄心は磁束を通しやすいため，コアが中央($x=0$)に位置するときには二つの

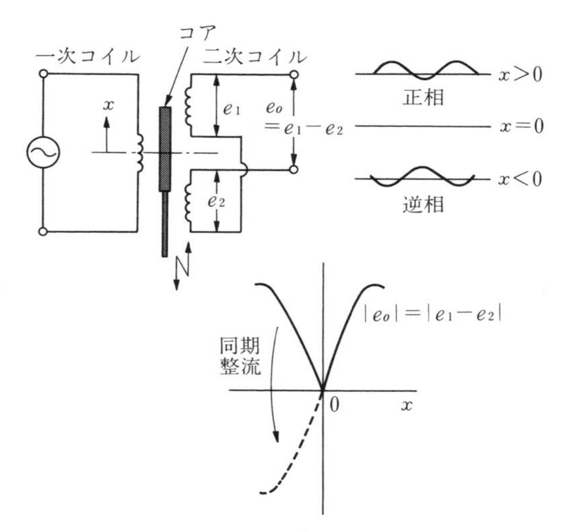

図 *5.29*　差動変圧器の原理

二次コイルに鎖交する磁束数が等しく $e_o=0$ であるが，コアが変位するときにはそれに応じて鎖交する磁束数に変化が生じ，出力電圧が変化する。図のようにコアの位置が＋と－で e_o の位相が逆となるが，**同期整流**（synchronous rectification）によりコアの変位に比例した電圧を出力することができる。

同期整流はAM（振幅変調）波を復調するときにAM波のキャリヤと同じ周波数の参照波をかけ合わせることにより，信号を取り出す手法である。いま出力信号を $e_o=V\cos(\omega_c t+\varphi)$ とし，参照波を $\cos\omega_c t$ とすると，同期整流後の信号 e は

$$e=V\cos(\omega_c t+\varphi)\cos\omega_c t$$
$$=\frac{V}{2}\{\cos(2\omega_c t+\varphi)+\cos\varphi\} \tag{5.40}$$

となる。$2\omega_c$ の周波数成分をLPFで除去すると

$$e=\frac{V}{2}\cos\varphi \tag{5.41}$$

となり，正相の場合は $\varphi=0$ であるから $e=V/2$，逆相の場合は $\varphi=\pi$ であるから $e=-V/2$ となる結果，コアの変位に比例した電圧を出力することができる。ただし，実際には高周波成分，渦電流，温度誤差などの影響により $x=0$ でも $e_o=0$ とならず，残留電圧が存在するため，特性補償が必要となる。差動変圧器の測定範囲は0.01～100 mmと広く，精度・感度・直線性に優れていて応答特性も比較的よいので幅広く利用され，一般的な変位計測だけでなく μm オーダの精密測長器である電気マイクロメータにも用いられている。

〔*3*〕 **電磁流量計**　**電磁流量計**（electromagnetic flow meter）の構成を**図 *5.30*** に示す。磁束密度 B〔T〕の磁界中にある管路（内径 D）の中を導電性流体が速度 v〔m/s〕で流れると，導体が磁界中を動くのと等価であるから，電極間につぎの電圧 V〔V〕が生じる（基本原理 *3*）。

$$V=BD\bar{v} \qquad \left(\bar{v}=\frac{\int_0^{D/2}2\pi r v(r)\,dr}{\pi r^2}\right) \tag{5.42}$$

ただし，r は管路の中心軸からの距離で，流速 v は管路内で速度分布を持つ r

の関数であるが，発生起電力 V は平均速度 $\bar{v}$ に比例する。したがって，容積流量 Q〔m³/s〕は

$$Q=\frac{\pi D^2}{4}\bar{v}=\frac{\pi D}{4B}V \tag{5.43}$$

となり，容積流量 Q は起電力 V に比例する。この流量計は電気伝導度のよい液体の流量や流速の測定に向いているが，気体，油などの電気伝導度の悪い流体の測定には適さない。

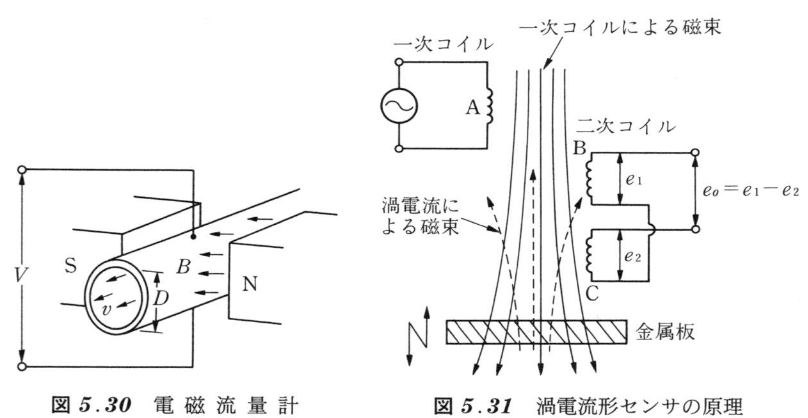

図 5.30　電 磁 流 量 計　　　**図 5.31**　渦電流形センサの原理

〔*4*〕 **渦電流形センサ（近接距離センサ）**　**図 5.31** に渦電流形センサの原理を示す。三つのコイル A,B,C からなっており，A が一次コイルで，B,C は差動電圧 e_o を出力する二次コイルである。コイル A に交流電圧をかけると，それによる磁束がコイル B,C を通って計測対象である金属板を貫き，基本原理に基づいて渦電流が流れ（基本原理 *4*），それに伴う逆向きの磁束がコイル B,C を貫く。この逆向きの磁束は金属板から近いコイル C のほうが密度が高く，コイル B では密度が減少する。したがって，金属板がない状態ではコイル B,C を貫く磁束が等しく，差動出力電圧は発生せず($e_o=0$)，金属板との距離が小さい状態ほど e_o は大きくなるから近接センサとして利用できる。

渦電流による逆向きの磁束により，**図 5.27**（基本原理 *4*）のコイルの自己インダクタンス L が見かけ上減少するから，コイルを流れる電流は増加する。

したがって，コイルをホイートストンブリッジの一辺とする距離センサも実現できる。

〔*5*〕 **マイクロホン（動電変換方式）** **図 *5.32*** に動電変換方式マイクロホンを示す。振動板は可動コイルと一体化しており，コイルは永久磁石による一様な磁界中にある。音波の影響で振動板が変位すると磁界と直角方向に可動コイルが動き，コイルにつぎのような起電力 V〔V〕が生じる（基本原理 *3*）。

$$V = Blv$$

ここで，B〔T〕は磁束密度，l〔m〕はコイルの磁界中にある有効巻線長さ，そして v〔m/s〕は可動コイルの速度である。

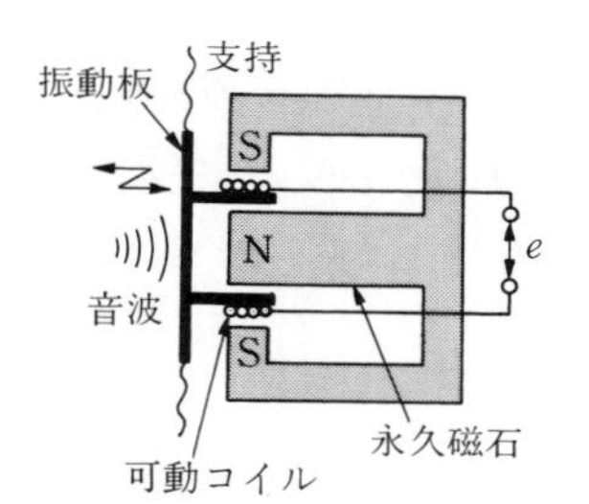

図 *5.32* 動電変換方式マイクロホン

逆に，可動コイルに電流を流すとコイルに力が生じ，振動板が動く。これは電気→機械→音響変換，すなわちスピーカの原理であり，ひずみの少ない大振幅変位が得られるため，現在使われているスピーカのほとんどはこの動電変換方式である。

5.2.4 圧　電　効　果

【基本原理】 圧 電 効 果 　水晶，チタン酸バリウム，ロシェル塩などの結晶体に，特定の方向から力を加え，変形させると表面に電荷を発生する。この現象を**圧電効果**，あるいは**ピエゾ電気効果**（piezo-electric effect）という。**図 *5.33*** に示すように平行な 2 枚の極板によって挟まれた水晶などの結晶体に力 F〔N〕を加えると表面に発生する電荷 Q〔C〕は

$$Q = \delta F$$

となる。ここで，δ〔C/N〕は**圧電気率**（piezo-electric modulus）である。

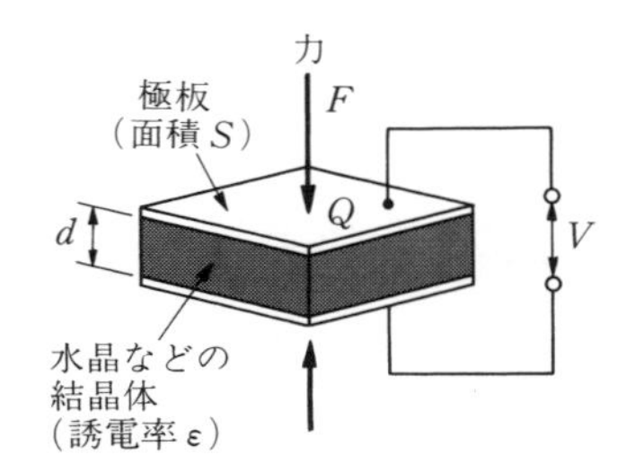

図 5.33　圧電効果

〔1〕 **圧電素子（力センサ）**　**図 5.33** のコンデンサの端子電圧と力の関係を求めよう。容量 C〔F〕は

$$C=\frac{\varepsilon S}{d} \tag{5.44}$$

となる（5.2.2 項の基本原理 1）。ただし ε〔F/m〕は誘電率，S は極板の有効面積，そして d は極板間距離である。したがって，コンデンサの端子電圧 V は

$$V=\delta\,\frac{d}{\varepsilon S}\,F=gd\,\frac{F}{S} \tag{5.45}$$

となり（基本原理および 5.2.2 項の基本原理 2），力 F に比例する電圧 V が得られる。$g=\delta/\varepsilon$ は電圧感度である。

〔2〕 **超音波受信器**　この原理は前述の圧電素子と同じである。すなわち，圧電効果を利用して音波の圧力に比例する電圧を得る方式である。ただし，感度を上げるために，**図 5.34** に示す，伸縮特性が逆の 2 枚の圧電素子を張り合わせた**バイモルフ**（bimorph）**構造**と呼ばれる圧電振動子を用いる。振動板が力を受けると，バイモルフ振動子の先端部に小さな変位が生じ，一方

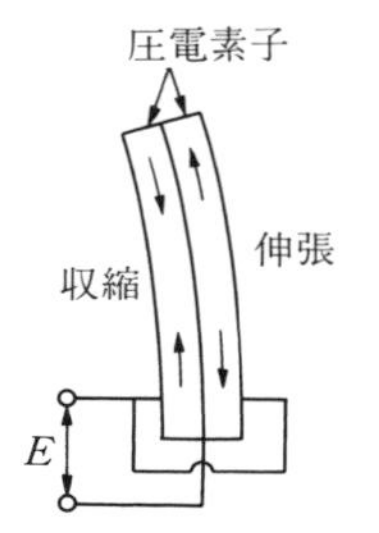

図 5.34　バイモルフ振動子

の素子は伸張し，他方の素子は収縮する。その結果，逆特性の 2 枚の圧電素子から加算的に大きな電圧変化が得られる仕組みである。また，バイモルフ振動子自体が振動板であるものもある。

逆に，バイモルフ振動子に電圧を加えると素子は屈曲運動するため，超音波送信器となる。一般に，振動子の固有振動数に等しい交流電圧を加えることにより共振近傍条件で振動板の大変位を得る。

5.2.5 ゼーベック効果

【基本原理】 ゼーベック効果　異なる 2 種の金属線 A,B を**図 *5.35*(*a*)**に示すように接合し，接点 1 の温度を T_1 とし，接点 2 をそれと異なる温度 T_2 に設定すると，端子 C-D 間に熱起電力 e が発生する。この熱起電力は金属線の種類（組合せ）と温度 T_1, T_2 に依存して決まる。これを**ゼーベック効果**(Seebeck effect）という。金属線が均質であれば熱起電力は両接点以外の温度の影響を受けない（均質回路の法則)。また，図(*b*)のように回路の一部に第 3 の金属線 C を挿入しても，C の接点温度が一定であれば出力 e は変わらない（中間金属の法則)。さらに，図(*c*)のように，接点の温度が T_1, T_2 の場合の熱起電力が e_1，温度が T_2, T_3 の場合の熱起電力が e_2 の場合，接点の温度が T_1, T_3 の場合の熱起電力は e_1+e_2 となる（中間温度の法則)。

熱電対（温度センサ)　ゼーベック効果を利用した温度センサを**熱電対**

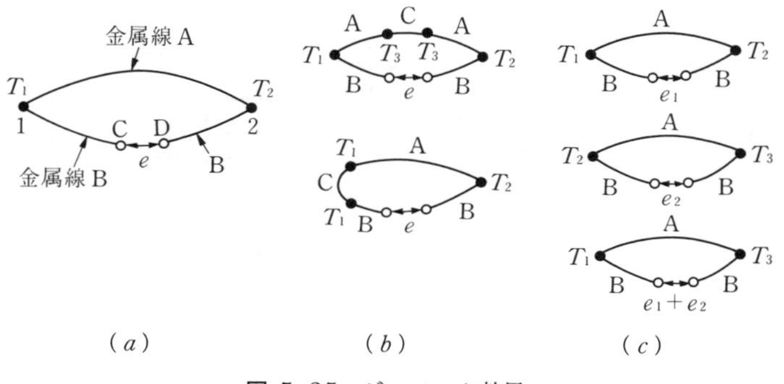

図 *5.35* ゼーベック効果

(thermocouple) という。一般によく用いられている金属線としてクロメル(Ni：90%，Cr：10%)，アルメル(Ni：94%，Al：3%，Si：1%，Mn：2%)，白金ロジウム(Pt：87%，Rh：13%)，コンスタンタン(Cu：55%，Ni：45%) などがある。**図 5.36** におもな組合せの金属線からなる熱電対の熱起電力-温度特性を示す。いずれも広範囲の温度にわたって直線に近似できることがわかる。

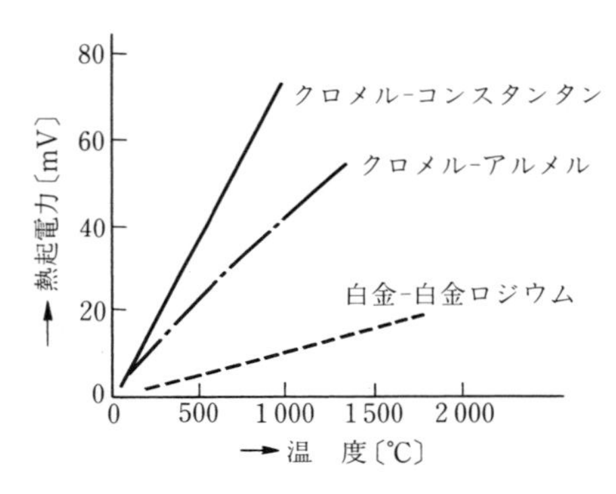

図 5.36　熱起電力-温度特性

温度測定回路の例を**図 5.37**(*a*)に示す。基準接点の温度を既知の一定温度に設定すれば，熱起電力を mV 計などの計測器で測定すれば測温接点の温度が求められる（基本原理)。計測器の内部は第 3 の金属線に接続されていることになるが，2 種の金属の熱電対と同じ熱起電力が得られる（中間金属の法則)。この場合，基準接点の温度は一般に室温であるので，精度の高い測定ではない。精度の高い測定を行うためには，図(*b*)に示すように基準接点を純

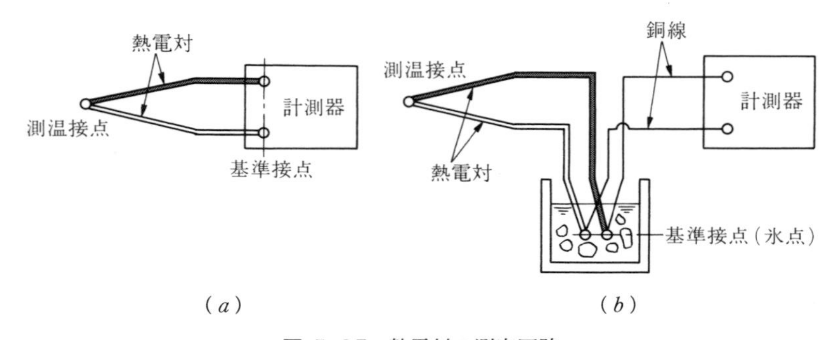

図 5.37　熱電対の測定回路

粋な氷が入った魔法瓶で氷点（0℃）に保つなどの工夫が必要となる。そのほかに熱電冷却素子を用いて，0℃の恒温槽を作る電子冷却式もある。また，実際の現場での計測などで測温接点と基準接点が離れている場合，熱電対素材のみを用いるとコスト高になるため，途中から安価な補償導線を用いる。補償導線は熱電対に近い熱起電力特性を持つものが使われる。一般には，銅と銅ニッケル合金の組合せを用いることが多く，その組成によって熱電対に近い特性が得られる。

5.3 流体式センサ

5.3.1 流体静力学

【基本原理】 静止流体中の圧力 図 5.38 のように，自由表面を持つ静止流体の自由表面での圧力を p_0 とするとき，自由表面から深さ h〔m〕の点の圧力 p〔Pa〕は

$$p = p_0 + \rho g h$$

となる。ここで ρ〔kg/m³〕は液体の密度である。p_0 を大気圧とすると上式の p は**絶対圧力**（absolute pressure）となる。これに対し，大気圧を基準とすると

$$p = \rho g h$$

となり，これを**ゲージ圧**（gauge pressure）という。

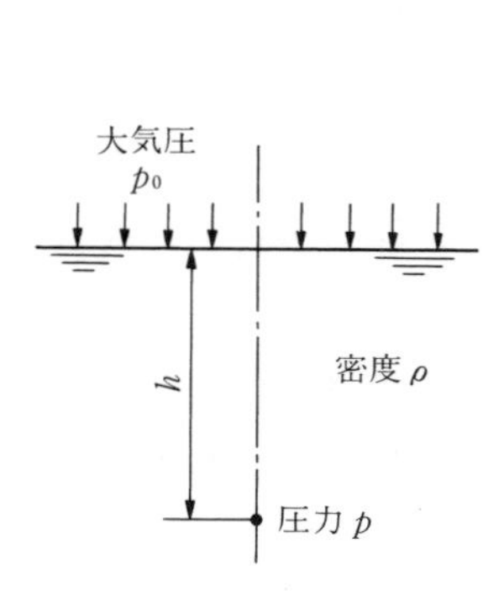

図 5.38 静止流体中の圧力

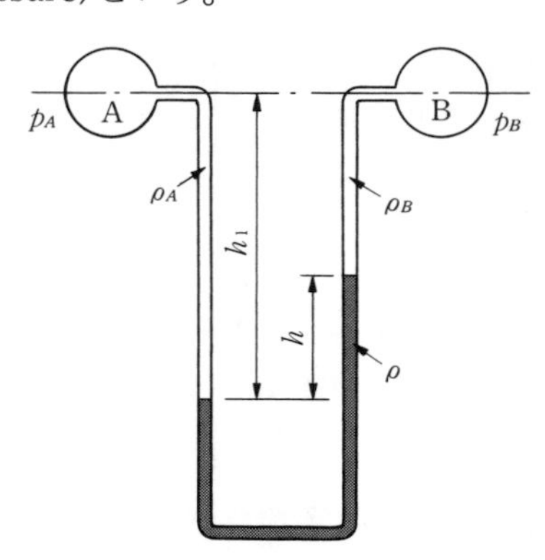

図 5.39 U字管マノメータ

マノメータ　**図 5.39** に **U 字管マノメータ**（manometer，液柱計）を示す。U 字形状のガラス管で作られ，その中の液体としては水，水銀，アルコールなどが用いられる。いま，点 A の圧力を p_A〔Pa〕，密度を ρ_A〔kg/m^3〕，点 B の圧力を p_B，密度を ρ_B とし，さらに液体の密度を ρ とし，それぞれの距離 h_1, h を図示のようにとると，つぎの関係が成り立つ（基本原理）。

$$p_A+\rho_A g h_1=p_B+\rho_B g(h_1-h)+\rho g h \tag{5.46}$$

したがって，点 A,B の圧力差は

$$p_A-p_B=(\rho_B-\rho_A)gh_1+(\rho-\rho_B)gh \tag{5.47}$$

となり，液柱の高さ h〔m〕を読み取ることにより，圧力差が測定できる。また，A,B の流体が同じである場合には

$$p_A-p_B=(\rho-\rho_B)gh \tag{5.48}$$

となる。さらに，空気の圧力を水銀マノメータで測る場合のように，ρ(13 550 kg/m^3)$\gg\rho_B$(1.205 kg/m^3)が成立するような条件では

$$p_A-p_B=\rho g h \tag{5.49}$$

とすることができる。

5.3.2　ベルヌーイの定理

【基本原理 *1*】　連 続 の 式　　時間的に変化しない流れを定常流，変化する流れを非定常流という。例えば，大きな河川の流れは一見穏やかな定常流のように見えるが，年月が経てば流れは変化するし，雨量によっても変化し，さらに微視的に見れば流れは刻々変化している。しかし，流れを非定常流として扱うと解析はきわめて複雑となるため，時間的変化が小さい流れは実用上からも定常流と見なして取り扱うことが多い。基本原理 *1*，*2* は，そのような条件下での簡単で有用な定理である。

図 5.40 に示すように，その接線方向が流れの速度方向となる流線の束からなる管を考える。この管を流管と呼び，その接線方向は流れの速度方向であるから，流管を横切る流れはなく，また定常流を仮定すると流管の形は変化しないことになる。したがって，質量保存の法則から，このような流管に沿った

2点A,Bでの単位時間に通過する質量は変わらないので，次式が成立する。

$$\rho_A v_A S_A = \rho_B v_B S_B = \rho v S = \text{const.}$$

ここで，ρ は密度，v は速度，S は断面積である。

密度が一定の流体の場合には

$$vS = \text{const.}$$

となる。上式を連続の式という。

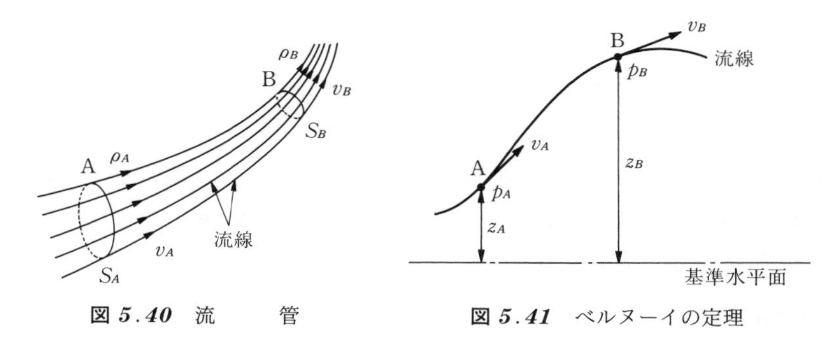

図 5.40　流　　管　　　**図 5.41**　ベルヌーイの定理

【基本原理 *2*】　ベルヌーイの定理　　いま，**図 5.41** に示すように，密度一定で外力が重力のみの定常流において，一つの流線に沿って，粘性摩擦によるエネルギー損失がないとき，つぎの関係式が成り立つ。

$$p_A + \frac{1}{2}\rho v_A{}^2 + \rho g z_A = p_B + \frac{1}{2}\rho v_B{}^2 + \rho g z_B$$

$$= p + \frac{1}{2}\rho v^2 + \rho g z = \text{const.}$$

ここで p_A, p_B〔Pa〕はそれぞれ点A,Bでの圧力，v_A, v_B〔m/s〕は速度，z_A, z_B〔m〕は基準水平面からの距離（高さ）である。上式の意味を考えてみると，単位体積当り第1項は圧力として貯えられるエネルギー，第2項は運動エネルギー，第3項は位置エネルギーを表すと考えることができる。したがって，上式はエネルギー保存則を示しており，これを**ベルヌーイの定理**（Bernoulli's theorem）という。

【基本原理 *3*】　レイノルズ数　　円管内の流れの中に細い管を通して染料を

注入すると，流速が小さいときは染料は1本の線状となって静かに流れるが，流速が大きくなると流体と混じりあい広がってしまう。これが有名な**レイノルズ**（O. Reynolds）の実験で，流速が小さいときは流体の微小部分が規則的に運動する層流，大きいときは不規則に非定常な運動をする乱流である。層流から乱流へ遷移は流速の変化だけでなく，つぎの**レイノルズ数**（Reynolds number）Re に依存する。

$$Re=\frac{UL}{\nu}$$

すなわち，層流から乱流への遷移は流速 U〔m/s〕，代表長さ L〔m〕，そして動粘度 ν〔m^2/s〕によって決まる。代表長さは流れのスケールの大きさを示すもので，円管流れの場合には直径を代表長さとする。また，外力のない定常な非圧縮性流体では，レイノルズ数が同じであれば力学的に相似な流れとなる。

〔*1*〕 **ピトー管（流速センサ）**　高さ一定（$z=$const.）の条件ではベルヌーイの式は

$$p+\frac{1}{2}\rho v^2=p_o=\text{const.} \tag{5.50}$$

となる。ここで，p〔Pa〕は静圧，$(1/2)\rho v^2$ は動圧，そして静圧と動圧の和 p_o〔Pa〕は総圧（全圧）と呼ばれ，流線に沿って総圧は一定である。上式を変形すると

$$v=\sqrt{\frac{2(p_o-p)}{\rho}} \tag{5.51}$$

となり，密度 ρ は既知であるから，総圧 p_o と静圧 p の差から流速 v を計算できる。

圧力 p〔Pa〕，流速 v〔m/s〕の流れの中に**図 *5.42*** に示すような物体を置くと物体の中心軸に沿った流線に対してベルヌーイの定理が成立する。物体の前縁の点 s はよどみ点（流速 $v=0$）となるため，点 s の圧力は総圧 p_o に等しくなる。すなわち，流れの中の動圧が静圧に変換されたと考えられる。

この総圧を総圧孔を通して取り出し，図のように動圧成分の影響のない箇所で静圧 p を静圧孔を通して取り出す。このような形状に形作られたのが**ピト**

ー管（Pitot tube）である。この動圧と静圧の差をマノメータ（*5.3.1*項）などで測定すれば，式（*5.51*）にしたがって速度 v が計算できる。しかし，ピトー管を流れに挿入することによる乱れの影響など，形状に伴う誤差を補正するため比例定数をかけて

$$v = k\sqrt{\frac{2(p_o - p)}{\rho}} \tag{5.52}$$

とする。ここで，k をピトー管係数と呼ぶ。

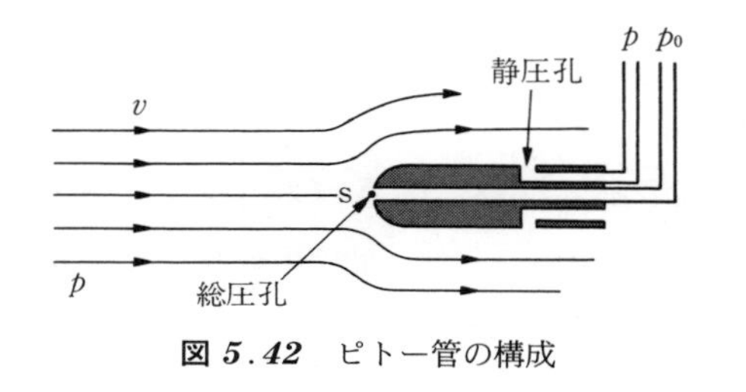

図 5.42 ピトー管の構成

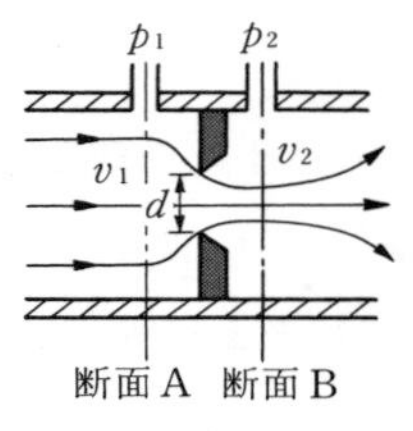

図 5.43 差圧式流量計の原理

〔*2*〕 **差圧式流量計**　**図 5.43** のように管路内に**絞り**（**オリフィス**：orifice）がある場合に，絞り前後の断面でベルヌーイの定理を適用する。ここで管断面での流速は一定であると仮定すると

$$p_1 + \frac{1}{2}\rho v_1^2 = p_2 + \frac{1}{2}\rho v_2^2 \tag{5.53}$$

となる（基本原理 *2*）。ここで，p_1, v_1 および p_2, v_2 はそれぞれ断面 A,B での圧力と流速で，ρ〔kg/m³〕は流体の密度である。ある。また，断面 A,B の断面積を S_1, S_2 とすると，容積流量 Q〔m³/s〕は

$$Q = S_1 v_1 = S_2 v_2 \tag{5.54}$$

となる（基本原理 *1*）。式（*5.53*），（*5.54*）より

$$Q = \frac{S_2}{\sqrt{1-(S_2/S_1)^2}}\sqrt{\frac{2(p_1 - p_2)}{\rho}} \tag{5.55}$$

を得る。断面 A,B の差圧から流量が求められることになるため，**差圧式流量計**（differential flow meter）と呼ばれる。しかし，実際には縮流の影響で S_2

は絞りの断面積より小さく，また粘性の影響などにより，上式を修正することが必要となるため，絞りの直径 d を用いてつぎのように表す。

$$Q=\frac{\pi d^2}{4}\alpha\sqrt{\frac{2(p_1-p_2)}{\rho}} \tag{5.56}$$

ここで，α は**流量係数**（flow coefficient）と呼ばれる。

圧縮性流体である気体を測定する場合には，さらに修正が必要で，つぎのように表される。

$$Q=\frac{\pi d^2}{4}\alpha\varepsilon\sqrt{\frac{2(p_1-p_2)}{\rho}} \tag{5.57}$$

ここで，ε は圧縮係数と呼ばれる。

一般に，絞り部としてはオリフィス以外に図 5.44 に示す**ノズル**（nozzle）や**ベンチュリ管**（Venturi tube）が用いられ，標準の絞り部では α と ε の値は JIS で決められた規格値† を利用することができる。

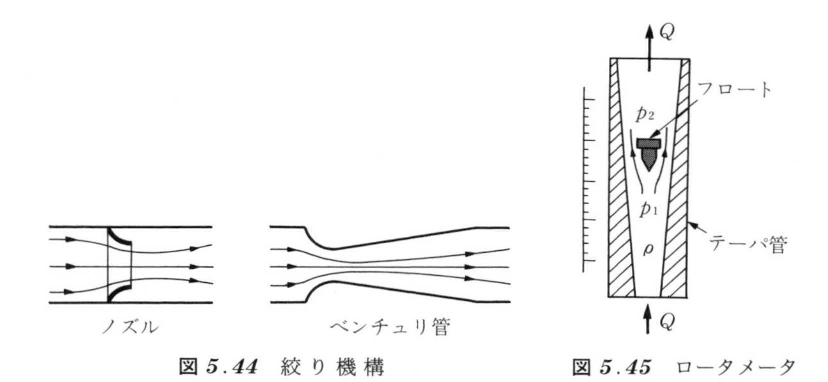

図 5.44　絞り機構　　**図 5.45**　ロータメータ

〔3〕 **ロータメータ（面積式流量計）**　差圧式流量計では絞り部の断面積を一定にし，前後の差圧から流量を求めるのに対し，**面積式流量計**（areal flow meter）は差圧を一定とし，絞り面積の変化割合から流量を求める。面積式流量計の代表的なものは**ロータメータ**（rotameter）で，図 5.45 に示すようにテーパ管の中にフロートがあり，流体は下から上に流れる構成になってい

† JIS Z 8762 絞り機構による流量測定方法。

る。したがって，流体はテーパ管とフロートの隙間を流れるため，流量が増加するとフロートは上昇し，隙間の大きさを拡大する。テーパ管に付けられた目盛から流量を読み取ることができる。いま，図のようにフロート前後の圧力を p_1, p_2，フロートの体積，断面積をそれぞれ V_f, S_f とすると次式が成立する。

$$(\rho_f-\rho)V_f g=(p_1-p_2)S_f \qquad (5.58)$$

ここで，ρ_f, ρ, g はそれぞれフロート，流体の密度，そして重力加速度である。また，流量 Q は原理的に差圧式流量計の式（5.56）と同様に，隙間の断面積を S_g とするとつぎのように表される。

$$Q=\alpha S_g\sqrt{\frac{2(p_1-p_2)}{\rho}} \qquad (5.59)$$

したがって，上の2式より

$$Q=\alpha S_g\sqrt{\frac{2(\rho_f-\rho)V_f g}{\rho S_f}} \qquad (5.60)$$

となる。流量係数 α はテーパ管の断面形状，フロートの形状，そしてレイノルズ数に依存するが，フロートの直径を代表長さとするレイノルズ数で400以上になると一定値になる（基本原理 *3*）。上式から，α=const. で流体の密度が変化しなければ，流量はテーパ管とフロートとの隙間の断面積 S_g に比例することになり，フロートの高さから流量が求められる。

〔*4*〕 **空気マイクロメータ**　　工場などで広く実用化されている精密測長器の一つが**空気マイクロメータ**（pneumatic micrometer）で，計測方式として背圧式と流量式がある。

図 5.46(*a*)に背圧式の基本構成を示す。空気は流入ノズルを通って，測定ノズルから流出する。測定ノズルと測定対象との隙間 h によって変化する両ノズル間の圧力 p_c を圧力計で測定する。

流入ノズルの手前の一定圧に制御された圧力を p_s〔Pa〕とすると，流入ノズルを通過する流量 Q_s〔m³/s〕は差圧式流量計の式（5.56）と同様に

$$Q_s=A_s\alpha_s\sqrt{\frac{2(p_s-p_c)}{\rho}} \qquad (5.61)$$

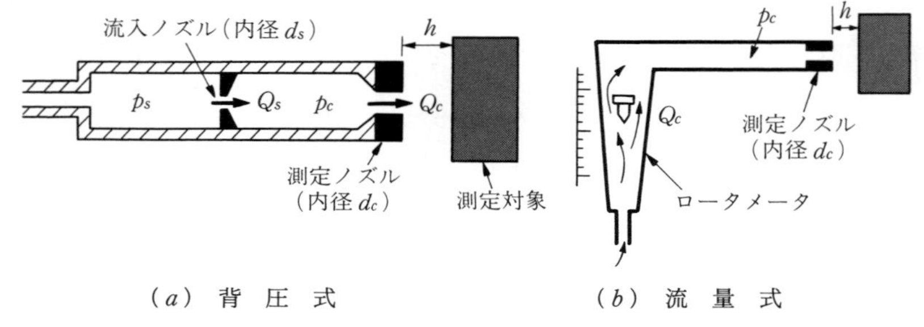

（a）背　圧　式　　　　（b）流　量　式

図 5.46　空気マイクロメータの原理

で与えられる。ρ〔kg/m³〕は空気の密度，α_s は流量係数，そして A_s は流入ノズルの断面積である。また，測定ノズルを通過する流量 Q_c は

$$Q_c = A_c \alpha_c \sqrt{\frac{2p_c}{\rho}} \tag{5.62}$$

となる。ただし，測定ノズルを出たところは大気圧（=0）で，α_c は流量係数，そして A_c は測定ノズルの有効断面積である。連続条件（基本原理 *1*）より，$Q_s = Q_c$ だから，$\alpha_s = \alpha_c$ とすれば

$$\frac{p_c}{p_s} = \frac{1}{1+(A_c/A_s)^2} \tag{5.63}$$

となる。さらに流入ノズルの内径を d_s とすると $A_s = \pi d_s{}^2/4$ であり，測定ノズルの内径を d_c とすれば，隙間が十分小さい場合 $A_c = \pi d_c h$ となるので上式は

$$\frac{p_c}{p_s} = \frac{1}{1+(4d_c h/d_s{}^2)^2} \tag{5.64}$$

となる。これが背圧式の静特性式で，p_c を測定することにより隙間 h を求めることができる。ただし，$\pi d_c h < \pi d_s{}^2/4$ を満足する h が測定範囲である。

流量式空気マイクロメータは，図（b）のように，空気は前述のロータメータを通して測定ノズルへと導かれる。測定ノズルを通過する流量 Q_c は背圧式の式（5.62）と同じである。$\pi d_c h < \pi d_s{}^2/4$ の場合，測定ノズルの有効断面積は $A_c = \pi d_c h$ であるから

$$Q_c = \pi d_c h \alpha_c \sqrt{\frac{2p_c}{\rho}} = k\pi d_c h \tag{5.65}$$

ただし

$$k=\alpha_c\sqrt{\frac{2p_c}{\rho}}$$

である。p_c は一定値に調整されるので，流量は隙間 h に比例する。

実際に空気マイクロメータを使う場合には，測定対象によって適切な測定ノズルを製作，選定する必要がある。専用ノズルを用いて機械部品の内径・外径などの μm オーダの測定が簡便にできる。

5.3.3 カルマン渦

【基本原理】 ストローハル数　流れの中に円柱などの物体を置くと，物体の後方に規則的な渦列が形成される。この渦列は**カルマン渦**（Kármán vortex）と呼ばれ，発生する渦の周波数は一定の法則に従う。この渦周波数 f〔Hz〕，円柱の直径 d〔m〕と流速 U〔m/s〕を用いて，つぎのような無次元数 S_t を定義する。

$$S_t=\frac{fd}{U}$$

これは**ストローハル数**（Strouhal number）と呼ばれ，円柱の場合には，レイノルズ数が 5×10^2 ～2×10^5 の範囲でほぼ一定値 0.2 となる。

渦流量計　図 5.47 に**カルマン渦流量計**（Kármán vortex flow meter）の構成を示す。管路の中に円柱を設定すると，一定のレイノルズ数の範囲内ではストローハル数は一定となるため，流量 Q はつぎのように導かれる。

$$Q=\frac{\pi D^2}{4}U=k\frac{\pi D^2}{4}df \qquad (5.66)$$

ここで，管路の内径 D〔m〕，k（$=1/S_t$）は定数で，流量 Q〔m^3/s〕は渦の周波数 f〔Hz〕に比例することになるから流量計に利用できる。実際には渦放出に伴い，円柱に作用する力の変動を測定すれば，渦周波数を知ることができるので，力センサとしてひずみゲージ，圧電センサなどを用いて力変動を検出する。

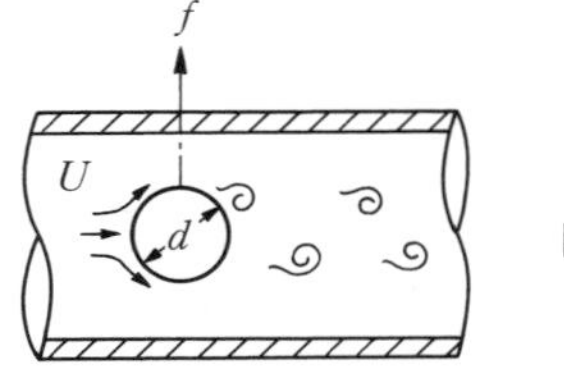

図 5.47　カルマン渦流量計

5.4　光学式センサ

5.4.1　光 学 的 拡 大

長さや変位，回転角などを光学的に拡大して測定する方法としては幾何光学的な方法や光干渉を用いた方法，モアレ縞を用いた方法などがある。ここでは幾何光学を用いた拡大法について述べる。

【基本原理 *1*】 反射の法則と屈折の法則（スネルの法則）　光波（一般には電磁波）が**図 5.48** に示すように，**屈折率**（refractive index）n_1 の媒質 I から屈折率 n_2 の媒質 II に入射するとき，入射光の一部は境界面で**反射**（reflection）し，残りは**屈折**（refraction）し，進行方向が変わって媒質 II 内部に伝搬していく。なお，境界面は光の波長に比べて十分なめらかであるとする。入射光の進行方向と境界面の法線で作られる平面を入射面と呼び，反射光の進行方向と境界面の法線で作られる平面を反射面と呼ぶ。このとき，入射面と反射面は一致し，また，屈折光も同じ平面内にある。反射光の方向(θ_r)は境

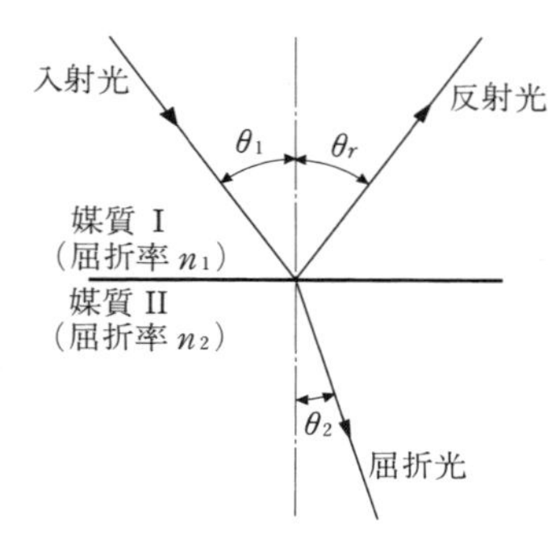

図 5.48　入射光と反射光，屈折光の関係

界面の法線に対して，入射光と反対側にあり

$$\theta_r = \theta_1 \tag{5.67}$$

の関係がある。これを**反射の法則**という。

入射角 θ_1 と屈折角 θ_2 の間には

$$\frac{\sin\theta_1}{\sin\theta_2} = \frac{\lambda_1}{\lambda_2} = \frac{n_2}{n_1} \tag{5.68}$$

の関係がある。ただし，λ_1 は媒質 I 中での光波長，λ_2 は同じく II 中での光波長である。これを**スネルの法則**（Snell's law）という。

【基本原理 *2*】 レンズの公式（薄肉レンズ）　図 ***5.49*** に示すような屈折率 n のレンズ（lens）を考える。レンズの二つの球面の曲率半径を r_1, r_2 とする。二つの曲率中心を結ぶ直線をレンズの**光軸**（optical axis）という。レンズの厚さが曲率半径に比べて十分小さいとき，これを**薄肉レンズ**（thin lens）という。薄肉レンズの場合，物点からレンズ中心までの距離を s_1，レンズ中心から像点までの距離を s_2 とすれば

$$\frac{1}{s_2} - \frac{1}{s_1} = \frac{1}{f} \tag{5.69}$$

のレンズの公式が成り立つ。ただし，距離 s_1, s_2 は光軸方向に光線の進む向きを正にとる。また，f は単レンズの**焦点距離**（focal length）であり

$$\frac{1}{f} = (n-1)\left(\frac{1}{r_1} - \frac{1}{r_2}\right) \tag{5.70}$$

で表される。

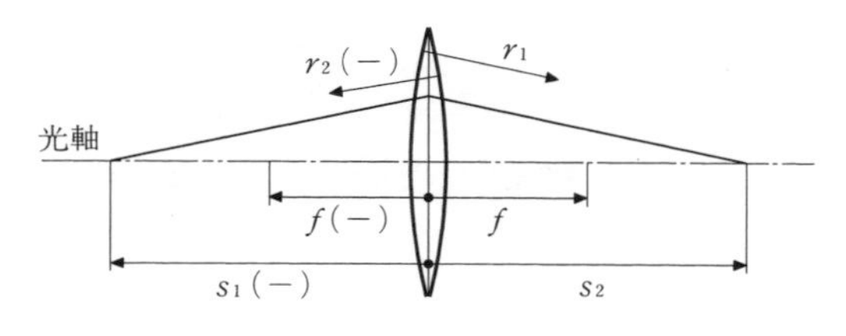

図 *5.49*　レンズの結像

〔*1*〕 **光　て　こ**　微小な回転や変位による鏡の角変位を反射光の光路変化を利用して拡大し，回転角や変位量を測定する装置を**光てこ**（optical lever）と呼ぶ。非接触で高感度な測定を行うことができる。図 ***5.50*** に示す

ように，光線が伝搬している光路中に置かれた鏡が，角 α だけ傾けば，反射光の方向は 2α だけ変化することになる。この反射光を鏡から l だけ離れた位置で観測すれば光点の移動距離 h は α を微小角とすれば

$$h = l\tan 2\alpha \cong 2l\alpha \tag{5.71}$$

となり，回転角 α は $2l$ 倍に拡大されることになる。光てこでは指針形計器の慣性にあたるものがないため，距離 l を大きくすることにより，倍率を非常に高くすることができる。

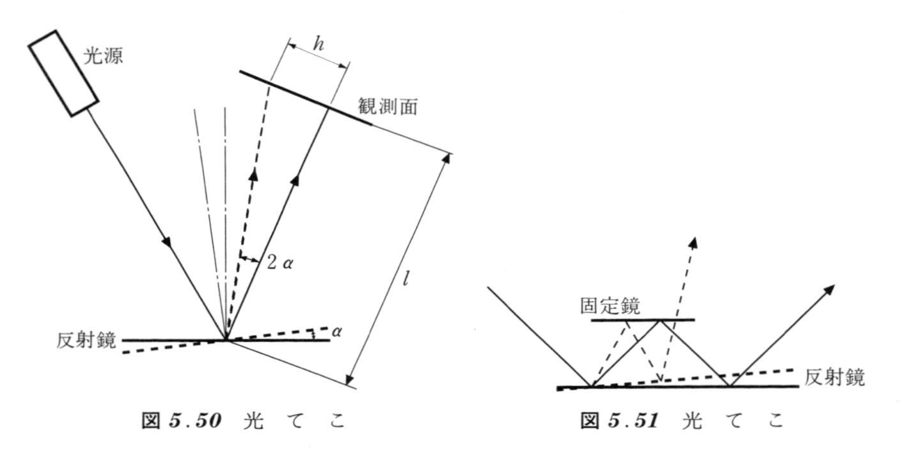

図 5.50　光　て　こ　　　**図 5.51**　光　て　こ

また，**図 5.51** に示すように，固定鏡を用いて光の反射回数を増やすことにより，反射角の変化を大きくし，拡大率を上げることができる。**図 5.52** はレンズ系を併用して微小変位測定に応用された例（**オプティメータ**：optimeter）である。

〔2〕 **レンズによる拡大**　　**図 5.49** に示す薄肉レンズにより，s_1 にある物体の像が s_2 の位置に結像している場合，**横倍率**（lateral magnification）m は

$$m = \frac{s_2}{s_1} \tag{5.72}$$

で与えられる。ここで，m が正の場合には像は正立像，負の場合には倒立像となる。

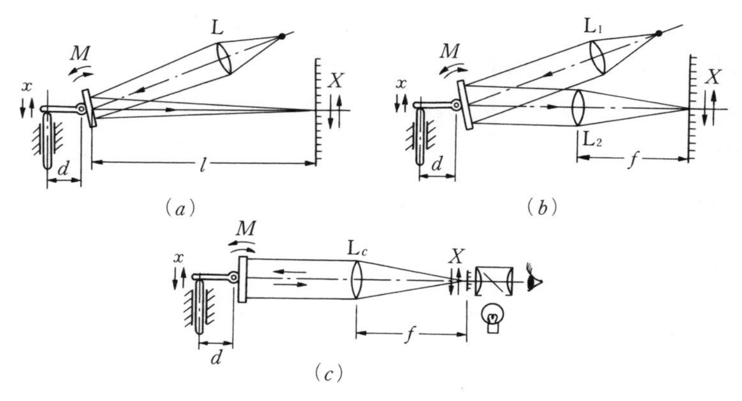

図 5.52　光てこの応用

光学系を用いて物体像を拡大する光学機器としては，遠方の物体を拡大して観察する**望遠鏡**（telescope）や，微細な物体を拡大して観測する**顕微鏡**（microscope）や**万能投影機**（universal measuring projector）などがある。また，各種の測定機器でも指示目盛や**副尺**（vernier）の読取り精度を向上するために利用している。

5.4.2 光　干　渉

【基本原理】 光波の干渉　角周波数 ω_1 と ω_2 の光波が空間中の１点で重ね合わされるとき，二つの光波の**干渉**（interference）により観測される光の強度は元の二つの光波強度の単なる重ね合せではなくなる。角周波数の差 $\omega_1-\omega_2$ が十分小さく，光検出器の周波数応答範囲内であれば，観測される光の強度 I は

$$I=I_1+I_2+2\sqrt{I_1I_2}\cos\{(\omega_1-\omega_2)t+\phi\} \tag{5.73}$$

となる。ただし，I_1, I_2 はそれぞれの光波の強度，ϕ は２光波間の位相差である。すなわち，光検出器からは角周波数が $\omega_1-\omega_2$ の正弦波信号が出力される。これを**光ヘテロダイン**（optical heterodyne）**干渉**という。

また，$\omega_1=\omega_2$ の場合には

$$I=I_1+I_2+2\sqrt{I_1I_2}\cos\phi \tag{5.74}$$

となり，この光強度の空間的な分布が**干渉縞**（interference fringe）として観測される。位相差 ϕ の値が π の偶数倍のとき観測される光強度は明るくなり，π の奇数倍のとき暗くなる。ここで，位相差 ϕ は干渉している 2 光波間の**光路長**（optical path length）の差 L と

$$\phi=\frac{2\pi}{\lambda}L \tag{5.75}$$

の関係がある。ただし，λ は光の波長である。したがって，観測される光強度は

$$I=I_1+I_2+2\sqrt{I_1I_2}\cos\left(\frac{2\pi}{\lambda}L\right) \tag{5.76}$$

と表され，光路差 L が $\lambda/2$ の偶数倍のとき明るい縞となり，$\lambda/2$ の奇数倍のとき暗い縞となる。

〔*1*〕 **干　渉　計**　代表的な**干渉計**（interferometer）であるマイケルソン干渉計を**図 *5.53*** に示す。スクリーン上で観測される光強度は，半透明鏡と平面鏡 M_1, M_2 との間の光路差 L の値により，式(*5.76*)で与えられる（基本原理）。ここで，*1*）2 枚の平面鏡が半透明鏡に対して正確に 45° の角度で置かれている場合にはスクリーン上の光強度（明るさ）は一様となる。一方，*2*）正確に配置されていない場合には明暗の縞模様となる。

平面鏡の一方が光軸方向に距離 x だけ平行移動すれば，光路差が $2x$ だけ変

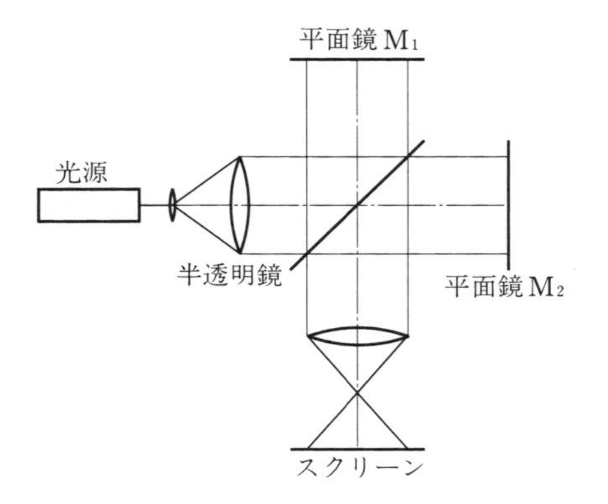

図 *5.53*　マイケルソン干渉計

化するから，スクリーン上の光強度変化あるいは，干渉縞の縞と垂直な方向への平行移動が生じる。このとき，*1*）強度変化は鏡の移動量が，光波長の1/2変化するごとに明暗のサイクルを繰り返し，*2*）干渉縞は鏡が光波長の1/2移動するごとに縞1本分平行移動する（基本原理）。したがって，明暗の繰返し回数，あるいは干渉縞の移動本数を測定すれば，その値に$\lambda/2$をかけて移動量を知ることができる。可視光の波長は350〜800 nm程度であるため，数100 nm程度の精度で移動量（微小変位）を測定することができる。一般に明暗変化はスクリーン位置に置かれた光電検出器で測定できる。また，干渉縞の移動量をその移動方向も含めて測定するには，縞間隔の1/4だけ離れた位置に2個の光電検出器を配置し，これらの検出器の出力信号の位相変化に注目すればよい（**図*5.54***）。

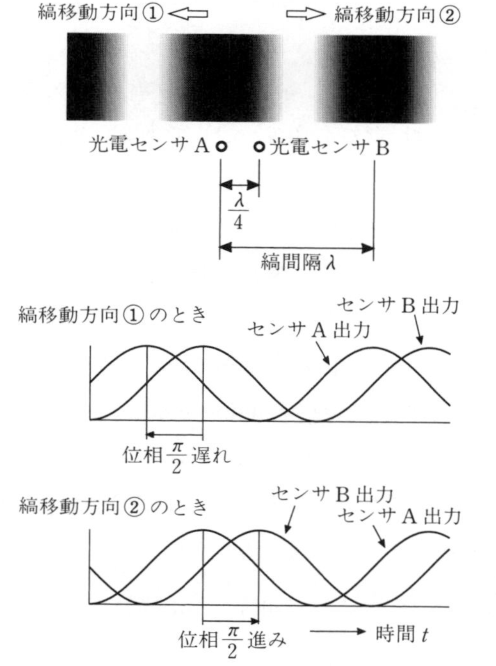

図*5.54*　干渉縞の移動量と移動方向の測定

〔*2*〕 **光ヘテロダイン法**　前述の干渉計を用いた方法では光波長の1/2程度の精度で測定を行うことができるが，さらに高い精度が必要な場合には周波数の異なる光源を用いる**光ヘテロダイン法**（optical heterodyne method）が利用される。光ヘテロダイン法で得られる信号は式(5.73)で表されるように，二つの光波のビート信号（角周波数：$\omega_1-\omega_2$）である。この信号の位相ϕを測定すれば，2光路間の光路差Lを求めることができる（基本原理）。厳密には，波長λは干渉している2光波では異なるが，ビート信号が検出できるには両者の周波数差は非常に小さく，波長差がきわめて小さいので，一方の波長を代表的に用いる（$\lambda=\lambda_1\cong\lambda_2$とする）。

いま，一方の鏡が距離xだけ平行移動すれば，位相は

$$\delta\phi=\frac{2\pi}{\lambda}2x \tag{5.77}$$

だけ変化する。一般に移動量は光の波長より大きいため位相変化は2πより大きくなるから，$\delta\phi$は2πの整数倍部分と端数部分の和の形で表すことができる。すなわち

$$\delta\phi=2\pi(N+\varepsilon) \tag{5.78}$$

と表せる。ただし，Nは整数，εは端数部（$0\leqq\varepsilon<1$）である。出力信号の変化からNとεの値を測定すれば，式（5.77），（5.78）を用いて変位量xの値を求めることができる。電気的な信号は現在$2\pi/1\,000$ rad程度の精度で位相を測定できるので，この方法ではnm以上の精度で移動量を測定することができる。

〔3〕 **縞走査法**　スクリーン上で空間的に分布している位相ϕの分布を精度よく知る方法として**縞走査法**（fringe scanning method）がある。干渉計を構成する一方の鏡を同じ移動量ずつn回移動して，nフレームの干渉縞パターンを得る方法で，位相変化が$2\pi/n$となるように1回の移動量を選べばi回目の移動後に観測されるある空間点の光強度I_iは

$$I_i=I_1+I_2+2\sqrt{I_1I_2}\cos\left(\phi+\frac{2\pi i}{n}\right)\qquad(i=0,1,\cdots,n-1) \tag{5.79}$$

となる。いま，nフレームの縞パターンからある空間点の光強度I_iを順次測定すれば，次式によりϕの値を計算することができる。

$$\phi = -\tan^{-1}\left(\frac{\sum_{i=0}^{n-1} I_i \sin\frac{2\pi i}{n}}{\sum_{i=0}^{n-1} I_i \cos\frac{2\pi i}{n}}\right) \tag{5.80}$$

干渉縞パターンを順次CCDカメラやイメージセンサにより，二次元画像として記録したのち，各画素ごとに，式(*5.80*)の演算を行えば空間的な位相分布を得ることができる。この方法の精度は $2\pi/100$ rad程度である。

5.4.3 モアレ法

【基本原理】 モアレ縞　ピッチ p の2枚の平行格子を小さな角度 θ だけ傾けて重ねると，**図 *5.55*** に示すように元の格子より間隔の広い縞が観測される。この縞を**モアレ縞**（moiré fringe）という。モアレ縞の間隔 P は交角 θ が小さいときには

$$P \cong \frac{p}{\theta} \tag{5.81}$$

で表される。

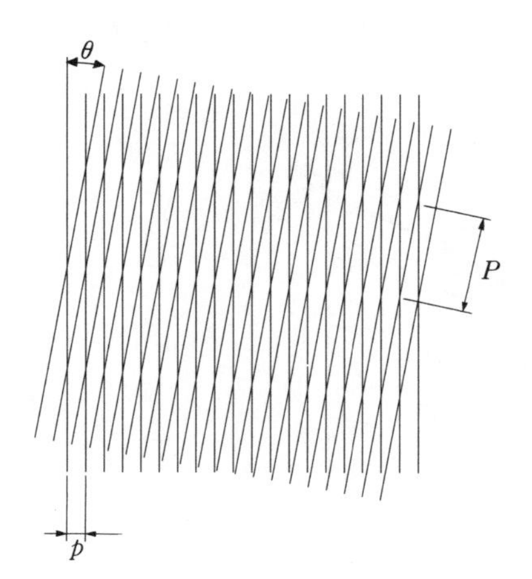

図 *5.55* モアレ縞

〔*1*〕 **モアレ法**　2枚の格子のうちの一方を格子と直角な方向に1ピッチだけ移動すれば，モアレ縞も1ピッチだけ移動する。モアレ縞の間隔は格子ピッチの $1/\theta$ 倍であるから，元の格子の移動量を $1/\theta$ 倍に拡大して検出する

ことができる。干渉計の場合と同様に，モアレ縞間隔の 1/4 の間隔で 2 個の光電変換器を配置して，その出力信号変化に注目すれば，モアレ縞の移動量と移動方向を測定することができる。これを**モアレ法**（moiré method）という。

〔*2*〕 **モアレトポグラフィ**　　モアレ縞を利用して三次元形状を測定する方法を**モアレトポグラフィ**（moiré topography）という。**図 *5.56*** に示すように基準格子から a だけ離れた点光源からの光で基準格子を照明すると，物体面上に投影される格子パターンは物体面の形状によりゆがめられたものとなる。これを基準格子を通して観測すれば，物体面上に投影された格子パターンと基準格子の間でモアレ縞が形成される。点光源の位置と観測点の位置が基準格子から同じ距離 a にあるときは基準格子から

$$h_n=\frac{anp}{d-np} \qquad (n=1,2,\cdots) \tag{5.82}$$

だけ離れた位置が明点となる。ただし，p は基準格子のピッチ，d は点光源と観測点の間隔，また n は明点の次数である。すなわち，基準格子を通して物体面上には n の等しい明点が連続した明るい線として観測される。これらは基準格子から等距離の位置，すなわち物体表面の等高線を表している。

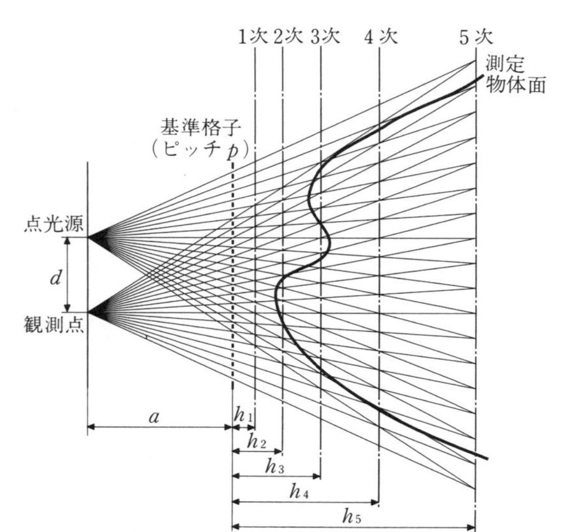

図 *5.56*　モアレトポグラフィ

5.5 その他の方式

5.5.1 ドップラー効果

【基本原理】 ドップラー効果　パトカーや救急車のサイレンが自分に近づいてくるときには高い周波数に聞こえ，逆に遠ざかるときには低い周波数に聞こえる。これは**ドップラー効果**（Doppler effect）と呼ばれ，音波だけでなく光波，電波などの一般の波についても観測される現象である。

音源が速度 v で静止している人に近づく場合，人が観測する音波の周波数 f_r は次式で表される。

$$f_r = f\frac{c}{c-v}$$

ここで，f は音源の音波の周波数，c は音の速さである。このように音源が近づくと $f_r > f$ となり，高い周波数が観測される。逆に音源が遠ざかる場合には

$$f_r = f\frac{c}{c+v}$$

となり，$f_r < f$ であるから低い周波数が観測される。このドップラー効果は観測者が動く場合にも，また両者が動く場合にも観測される。

ドップラー速度計　図 5.57 に**ドップラー速度計**（Doppler velocimeter）の原理を示す。速度 v の運動物体に発信源から周波数 f の電波や音波を送信し，運動物体から反射してくる信号を発信源（観測点）で受信するとき，受信波の周波数を f_r〔Hz〕とすると，ドップラー周波数 f_d は

$$f_d = f_r - f = 2f\frac{v}{c}\cos\theta \qquad (5.83)$$

である。したがって，運動物体の速度 v〔m/s〕は次式で求めることができる。

$$v = \frac{cf_d}{2f\cos\theta} \qquad (5.84)$$

ここで，c は送信波の速度で $c \gg v$，θ は運動物体の進行方向と送信波の方向とのなす角度である。スピードガンなどはこの原理を利用している。

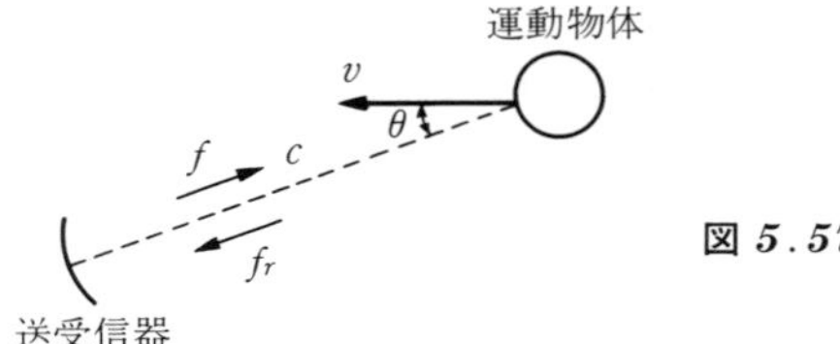

図 5.57　ドップラー速度計の原理

5.5.2　波 動 の 伝 搬

【基本原理】 超　音　波　　音波は空気や水の媒質中を周期的な疎密の状態が伝搬する縦波で，周波数が約 20 kHz 以上の音波を超音波という。コウモリは超音波を発信し，そのエコーを検知することにより障害物を認識して飛行しているし，イルカはほかの仲間との通信手段に超音波を用いていることはよく知られている。このような原理に基づく超音波センシング技術が数多く開発されている。

〔*1*〕 **超音波流量計**　　超音波が流体中を伝搬するとき，音速は流体の速度が合成された速度になることを利用した流量計である。**図 5.58 に超音波流量計**（ultrasonic flow meter）の原理を示す。管の中心軸に対し，θ の角度で超音波送受信兼用のトランスデューサ T_1, T_2 が配置されているとき，T_1 から T_2 へ音波が伝わるのに要する時間 t_1〔s〕は

$$t_1 = \frac{L}{c + v\cos\theta} \tag{5.85}$$

となり，逆に反対方向の伝播時間 t_2〔s〕は

$$t_2 = \frac{L}{c - v\cos\theta} \tag{5.86}$$

となる。ここで，v, c〔m/s〕はそれぞれ流速，および静止流体中での音速で，

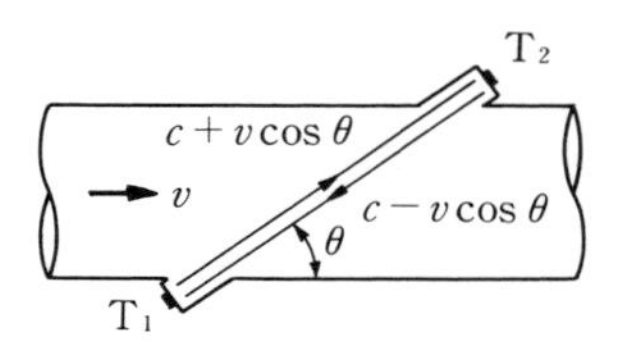

図 5.58　超音波流量計の原理

L〔m〕はトランスデューサ間の距離である。上の2式から時間差を求めると

$$\Delta t = t_2 - t_1 = \frac{2Lv\cos\theta}{c^2-(v\cos\theta)^2} \cong \frac{2Lv\cos\theta}{c^2} \qquad (5.87)$$

となる。ただし音速 c は流速 v に比べて十分大きいとする。上式より流速 v は

$$v = \frac{c^2\Delta t}{2L\cos\theta} \qquad (5.88)$$

となり，時間差 Δt を測定すると管内の平均流速が求められるので，それに管断面積をかけると容積流量を得る。

〔*2*〕 **ソナー（魚群探知機，音響測深器）**　海水中では，電波や光などの電磁波の減衰が非常に大きいため，魚群探知機，音響測深器などの**ソナー**(sonar, sound navigation and ranging) と呼ばれる水中音響機器には減衰の小さい音波が多く利用されている。これらはエコー方式により，対象物までの距離を測定するセンサである。

図 *5.59* にエコー方式の基本原理を示す。送信機から出た超音波が対象物体に当たり，反射して戻ってくるエコーを受信機で受信し，送信から受信までの時間 T を測定する。超音波の伝搬速度を c とすると超音波センサから対象

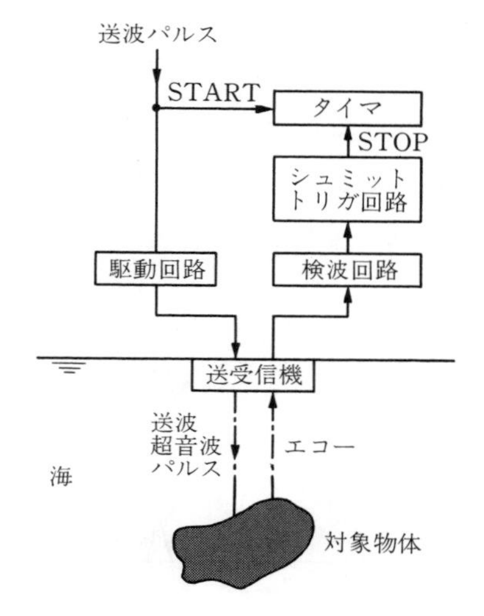

図 *5.59*　ソナーの原理

物体までの距離 L はつぎのようになる。

$$L=\frac{cT}{2} \tag{5.89}$$

図のように送波パルスがオンのとき超音波が発信され，同時にタイマがスタートする。戻ってきたエコーを受信し，増幅・検波後の波形の立ち上がり時間をシュミットトリガ回路で取り出し，タイマをストップする。すなわち，送波パルスの立ち上がりからシュミットトリガ出力の立ち上がりまでの時間間隔をタイマで計測する。

超音波の利用によって指向性（方向性）をもたすことができるため，測深機などは沈没船の形状まで記録できるし，海水中のエコーは魚群からも得られるため魚群探知機として漁業に広く利用されている。また，ドップラー効果を利用した FM ソナーでは魚群の検知と同時に魚群の移動速度も測定可能である。また，同じ原理に基づく超音波センサはロボット用センサとして障害物検知などにも用いられる。

〔*3*〕 **超音波探傷機**　　前述のエコー方式の原理は製品の内部欠陥を検知する超音波探傷機にも利用されている。**図 *5.60*** に示すように，送波機から超音波パルスが発射され，そのエコーを受信機で検出すると，エコーは欠陥がない場合には製品端部から一つだけ得られるが，欠陥（気泡，亀裂などの不均質部）があると欠陥部からのエコーも受信することになる。製品中の音波の伝搬速度がわかっていれば，欠陥部の位置を測定できる。欠陥の有無は透過によっても検出可能である。すなわち，欠陥部を透過した超音波は欠陥部での反射の

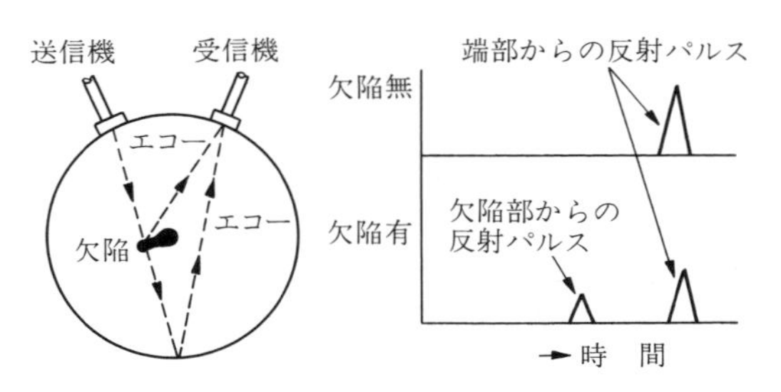

図 *5.60* 超音波探傷機

ため，その強さが減衰することを利用したもので，透過探傷機と呼ばれる。

超音波探傷機と同じ原理の超音波断層診断装置が医用として多く利用されている。人体組織の各部位によって超音波の反射・吸収が異なることを利用したもので，超音波ビームを走査することにより人体の断層図が得られる。

5.5.3 相関法

【基本原理 1】 相互相関関数　二つの時間信号 $x(t)$, $y(t)$ の相互相関関数 $\phi_{xy}(\tau)$ は 4 章† でも紹介したように次式で表される。

$$\phi_{xy}(\tau)=\overline{x(t)\,y(t+\tau)}=\lim_{T\to\infty}\frac{1}{2T}\int_{-T}^{T}x(t)\,y(t+\tau)\,dt$$

この相互相関関数 $\phi_{xy}(\tau)$ は $x(t)\cong y(t+\tau)$ となるとき最大値をとる。

【基本原理 2】 パターンマッチング　図 5.61 に示すように 2 枚の画像中の二次元 $(n\times n)$ 画素マトリクスの濃度レベルを f_i, g_i とすると，二次元の相互相関係数 $R_{fg}(k,l)$ は

$$R_{fg}=\frac{\sum_{i=0}^{n^2-1}(f_i-\overline{f_i})(g_i-\overline{g_i})}{\sqrt{\sum_{i=0}^{n^2-1}(f_i-\overline{f_i})^2\cdot\sum_{i=0}^{n^2-1}(g_i-\overline{g_i})^2}}$$

となる。ただし，$\overline{f_i}$, $\overline{g_i}$ は濃度レベルの平均値である。この相互相関係数 $R_{fg}(k,l)$ は二つの画素マトリクスのパターンが似ているとき大きな値をとり，まったく同じパターンのとき（$f_i=g_i$），$R_{fg}(k,l)=1$ となる。すなわち，画像処

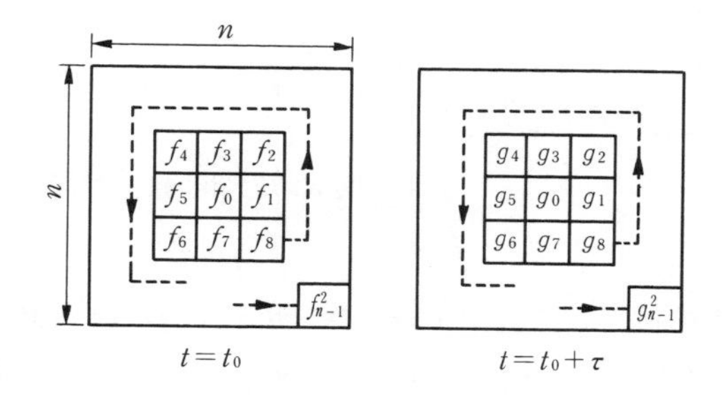

図 5.61　相関計算のための画素マトリクス

† 4.2.3 項〔4〕参照。

理などのパターンマッチングに利用される手法である。

〔*1*〕 **速度センサ**　　**相関法**（correlation method）は不規則な波形の移動時間を計算することにより速度を求める手法である。**図 *5.62*** に鋼板の送り速度測定の例を示す。距離 L 離れた 2 点に光源と光センサの組合せを設置し，それぞれのセンサで鋼板表面からの反射むらを検出する。反射むらは不規則なパターンを持っているため，点 A,B で検出される信号 $x(t)$, $y(t)$ は不規則な時系列波形である。しかし，点 A で検出された信号とほぼ同じ信号が AB 間（距離 L）を移動する時間 τ_0〔s〕だけ遅れて点 B でも検出される。基本原理により相互相関関数は $x(t)$ と $y(t+\tau)$ がよく似た波形のときに大きな値をとるため，$\phi_{xy}(\tau)$ は図に示すように $\tau=\tau_0$ のときに最大値となる（基本原理 *1*）。したがって，鋼板の送り速度 v〔m/s〕は

$$v=\frac{L}{\tau_0} \tag{5.90}$$

となる。

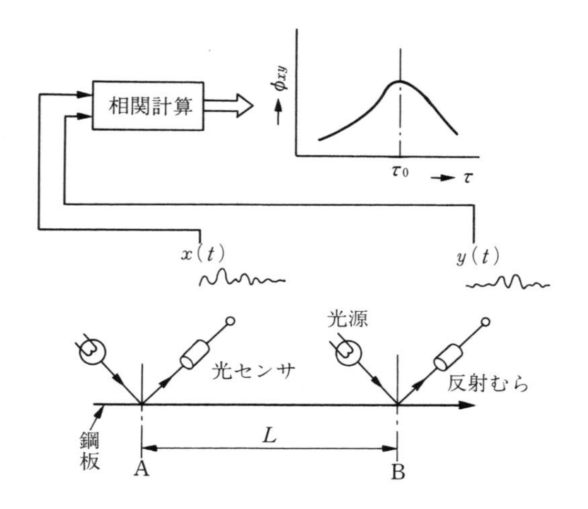

図 *5.62*　相関法の原理

この原理を利用したそのほかの例として，イメージセンサを用いた自動車の速度測定や流体の速度ゆらぎを検出する相関流量計などをあげることができる。

〔**2**〕 **粒子画像流速計測法**　粒子画像流速計測法は流れ場における速度ベクトル場の計測法として注目されている。すなわち，流れ場に微小なトレーサ粒子を注入して得られたトレーサ粒子画像からディジタル画像処理技術を用いて，速度ベクトル場を計測するもので，非定常な流れ場全域で瞬時の速度ベクトル分布計測が可能であるという意味で，非常に有用な計測法である。このような手法は一般に **PIV**（particle image velocimetry）と呼ばれ，ある微小時間間隔での粒子，または粒子のパターンの移動方向・距離から速度ベクトルを算出する。ここでは粒子パターンの追跡手法として基本原理 *2* に基づく画像相関法を紹介する。これは前項で述べた，不規則な波形の移動時間を計算して速度を求める手法を二次元場に拡張した手法（パターンマッチング）と考えられる。

図 5.63 に画像相関法の原理を示す。ある時間 $t=t_0$ と $t=t_0+\tau$ の二つのトレーサ画像が得られたとする。これらのトレーサ画像は，ある空間的濃度パターンを持っており，そのパターンは時間とともに移動しているため，二つの画像の濃度パターンは異なっている。いま，$t=t_0$ で点 p の画像を中心とする

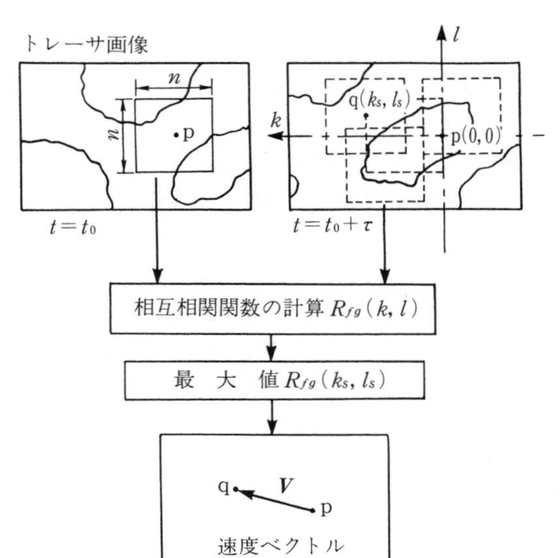

図 5.63　画像相関法の原理

$n \times n$ 画素マトリクスの小領域を考える。これを基準マトリクスとして，$t = t_0 + \tau$ での点 p(0,0)の任意の近傍（k, l）を中心画素位置とする $n \times n$ 画素マトリクスの小領域（破線で囲まれた領域）との規準化した相互相関関数 $R_{fg}(k, l)$を計算する（基本原理 2）。ここで，基準マトリクスと点 $q(k_s, l_s)$を中心

コーヒーブレイク

計測システムと生体システム

1.2 節で述べたように，計測のおもな目的はロボットやメカトロニクスなどにおいては“制御”と考えることができる。すなわち“広い意味の計測”は制御を含めたものとなり，フィードバックループを持つ構成となる。このような計測システムでの信号の流れを考えてみよう。サーボ機構では位置，角度，力など，プロセス制御においては温度，圧力などの制御量をセンサで検出し，電気信号に変換する。その電気信号は増幅・演算などのアナログ信号処理を経て A-D 変換され，ディジタル信号として計算機に送られる。計算機では目標値と制御量が比較され，その偏差信号に基づいてコントローラ（制御器）の出力（操作信号）が計算され，再び D-A 変換器でアナログ信号に戻され，増幅後，操作信号としてアクチュエータなどの操作器を動かし，制御量が目標値にできるだけ速く，しかも安定に近づくように制御される。例えば，ロボットマニピュレータの関節角の制御を考えてみる。関節角度はロータリエンコーダによって検出され，そのディジタル信号は計算機に送られ，目標角度と比較され，偏差信号に比例した操作量であるモータへの入力電流が計算され，モータが動き，関節角は目標値に近づいていく。

一方，生体システムでは視覚，聴覚，嗅覚，味覚，触覚のいわゆる五感と呼ばれる目，耳，皮膚などの受容器により，さまざまな外界の情報を取り入れ，それらの情報は神経インパルスに変換されて脳に送られる。脳では神経細胞ネットワークで有用な情報を抽出し，目的とする判断，認識などの高次の情報処理が行われる。すなわち，必要な情報が脳内に記憶される。さらに高次の処理に基づいて脳からの情報（指令）がまた神経インパルスとして手足の筋肉などの効果器に伝達され，手足を動かして目的の移動や作業を行う。以上のように考えると，受容器はセンサに，脳はコンピュータに，そして効果器はアクチュエータに対応することがわかる。まだまだ生体システムのほうがはるかに高度な計測制御を行っているが，将来も人工的な計測システムが生体システムを目指して行くことに変わりはないであろう。

画素とするマトリクスとの $R_{fg}(k_s, l_s)$ が最大値をとるならば，$t=t_0$ で点 p を中心とする小領域の粒子パターンが，$t=t_0+\tau$ で点 $q(k_s, l_s)$ を中心とする小領域へ移動したと考えられる。したがって，二次元速度ベクトル $\boldsymbol{V}$ が得られる。

流れの中に円柱を置くことによって発生するカルマン渦のトレーサ可視化画像に本手法を適用した結果を**図 5.64** に示す。渦近辺の速度ベクトル変化の様子が明瞭である。

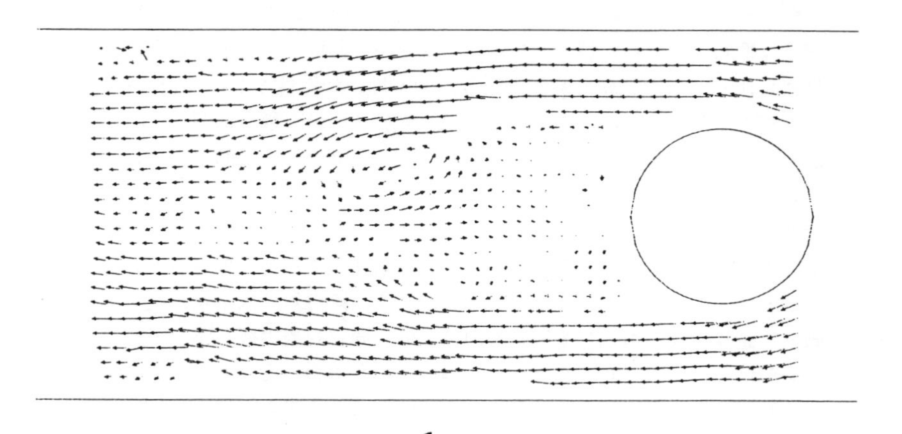

図 5.64　カルマン渦の速度ベクトル分布

演　習　問　題

【1】　サイズモ式ピックアップで加速度が測定できる原理を説明せよ。

【2】　ポテンショメータの負荷抵抗が R_l であるときの出力電圧 V を求め，その式を用いて負荷効果を説明せよ。

【3】　ひずみゲージの温度補償法を述べよ。

【4】　差圧式流量計と面積式流量計の原理の違いを説明せよ。

【5】　*6.2* 節では三次元速度ベクトル分布を計測している。この原理は *5.5.3* 項の相関法に基づいていることを示せ。

6

計測技術の開発と応用
—筆者の研究事例から—

前章までの5章にわたって「計測の共通的基礎と応用への指針」をできるだけ体系的に整理して解説してきた。既存の計測機器，システムを利用する際にも，その基本原理や性能（確度，静特性，動特性など），あるいはシステム構成に関して，また得られた結果（データ）の取扱いに関して，正しくかつ豊富な基礎知識を持つことにより，より有効かつ効果的な，そして高度な技術的成果を期待できる。

さて，新たな計測法やシステムの開発が必要になった場合はどうだろうか。当然，*5* 章で紹介した種々のセンサや基本原理が多くのヒントを与えてくれるだろう。しかし，*2* 章でも触れたように測定対象は千差万別であり，厳密な意味では一つとして同じものはない。同じ対象の同じ測定量を得る際にも環境条件などが変われば，あるいは出力利用の仕方などシステム構成が変われば，前に成功した方法がそのまま使えるとは限らないので，一般論では論議が難しい。多くの場合，多くのアイデアと基礎実験に基づいて試行錯誤が繰り返されている。

そこで，具体的な事例を通して計測技術の新しい開発や応用の実状，あるいはその動向を理解するため，本章では著者の研究事例のいくつかを紹介し，その一助としたい。

6.1 ディジタル画像処理を用いた切削工具刃先形状の測定[50)]

切削加工時の切削状態や加工精度に多大の影響を与える工具刃先の幾何学形状に関して，従来は目的に応じて切れ刃各部での種々の摩耗特性値（例えば，フランク摩耗幅やクレータ摩耗深さなど）をそれぞれ個別に測定して用いてきた。しかし，これでは種々の加工作業で発生する切れ刃変化の多様な様相を把握し，対処する柔軟性に欠けるので，最近のフレキシブル加工システムには不適切である。

そこで，観測された工具の顕微鏡像に基づいて工具刃先の総合的な三次元幾何学状況を二次元ディジタル画像として記録し，従来用いてきた個々の特性値は必要に応じてこの画像から画像処理的に簡単に求めることができる柔軟で汎用性の高い新しい手法を検討した。

6.1.1 二次元すくい面画像による工具刃先状態の測定

切削工具刃先は基本的にすくい面，前逃げ面，横逃げ面の三つの面とコーナ部から構成されている。本研究では，これをすくい面と，コーナ部を含む逃げ面の二つに大別し，その幾何学的状況をともに顕微鏡視野で得られる二次元すくい面画像から測定することを試みた。

〔*1*〕 **クレータ摩耗状態の測定** 二次元画像から三次元情報を得るためには，モアレトポグラフィ[51]や合/離焦点境界検出のような種々の手法が開発されているが，いくつかの予備実験を行った結果，すくい面の顕微鏡像からクレータ摩耗の三次元状態を測定するには走査光切断法の利用が最も簡便で有効であった。

図 *6.1* にこの方法の基本原理を示す。すなわち，細隙光束を測定対象面，図ではくぼみを有する xy 平面に観測方向 z から θ の角度で投影し，細隙縞像上の点 $\mathrm{P}(x,y)$ での縞像のひずみ量 $d(x,y)$ を対応するひずみなし直線縞像を基準に測定すれば，この点での表面凹凸の z 方向寸法 $z(x,y)$ は

$$z(x,y)=d(x,y)\cot\theta \qquad (6.1)$$

の関係より簡単に決定できる。

したがって，細隙光束で対象面を横断的に必要回数だけ相対走査すれば，面の三次元幾何学形状を図に示すような二次元ひずみ縞群として求めることができる。この方法では，対象面に単一の細隙縞像を順次作るので，モアレ法のような多細隙縞像を用いる場合に比べて処理時間の点では不利であるが，逆にディジタル画像処理実行上，*1*）回折の影響がほとんど現れず，高コントラスト

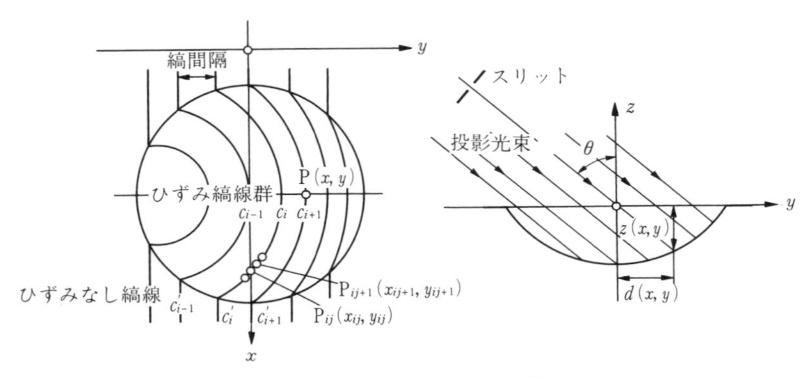

図 6.1　走査光切断法の原理

の鮮明な像が容易に得られるので高価なハードウェアを要せず，所要の精度が得られる。また，2）各縞の同定や追跡が複数縞の場合に比べて非常に容易になるので，処理用ソフトウェアを簡単化できる，などの利点を持つ。

〔2〕 **フランク摩耗状態の測定**　　従来，フランク摩耗の発達を測定するには工具顕微鏡視野で工具逃げ面を直接観察する手法が最も広く用いられてきたが，以下の考察に基づいて，すくい面画像からフランク摩耗幅を推定することができる。

図 6.2 は工具に固定した xyz 座標系上で摩耗工具の一般的な様相を模式的に示したものである。なお，ここでは xy 平面を工具底面に平行，x 軸を工具軸に平行，y 軸を送り方向に平行，z 軸を主切削方向に平行（通常工具底面に垂直）にとり，未摩耗 3 工具面，すなわち，すくい面，前逃げ面，横逃げ面が作る仮想的な鋭利工具刃先点を原点 O とした。

図に見るようにフランク摩耗面は一般に合切削方向（実用上は z 方向にほとんど一致）に平行に成長する。したがって，使用刃先の未摩耗幾何学形状を未摩耗すくい面に平行な切断平面上での断面プロフィール群 $F_{z_i}(x, y)=0$ ($i=1,2,\cdots$)，ただし，z_i は切断平面の z 切片，で記述すれば，xy 平面上での摩耗切れ刃プロフィール $f(x, y)=0$ に沿うフランク摩耗境界を $F_{z_i}(x, y)=0$ と $f(x, y)=0$ の交点 $\mathrm{P}_k(x_k, y_k)$ に注目して簡単に求めることができる。すなわち，図に見るように $f(x, y)=0$ が断面プロフィール群の一つ $F_{z_i}(x, y)=0$ と交点

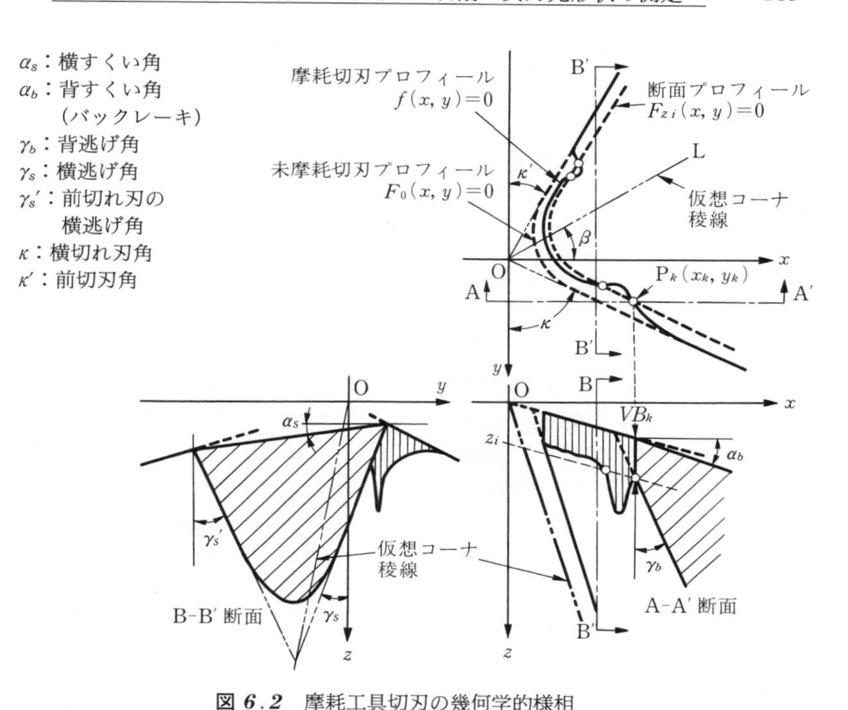

図 6.2 摩耗工具切刃の幾何学的様相

P_k を持てば，この点のフランク摩耗幅 VB_k は切断平面の z 切片値 z_i に等しい。

また，フランク摩耗は切れ刃の近傍逃げ面でのみ発生するから，プロフィール群 $F_{z_i}(x,y)=0$ $(i=1,2,\cdots)$ は z_i 値が小さい領域のみで既知であればよく，さらにこの領域では実用上，このプロフィール群は未摩耗切れ刃プロフィール $F_0(x,y)=0$ と幾何学的に合同と考えてよい。したがって，これらを求めるには $F_0(x,y)=0$ を図中の仮想コーナ稜(りょう)線 OL の方向へ順次 xy 平面内で平行移動すれば，新たに測定することなく知ることができる。幾何学的に求まる z_i と平行移動量 $\varDelta x, \varDelta y$ の関係は以下のようである。

$$z_i=(\varDelta x\cot\kappa-\varDelta y)\cot\gamma_s,\quad \varDelta y=\varDelta x\tan\beta \tag{6.2}$$

ただし，κ は横切れ刃角，γ_s は横逃げ角，β はコーナ稜線の方向角である。また，β は工具の幾何学的形状諸元によりつぎのように定義できる。

$$\tan\beta=\frac{\cot\kappa\,(\cot\gamma_s-\tan\alpha_s)+\cot\kappa'\,(\cot\gamma_s'-\tan\alpha_s)}{\cot\gamma_s+\cot\gamma_s'}\qquad(6.3)$$

6.1.2　測定システムの構成

図 6.3 に実験用に試作した測定システムの構成を示す。

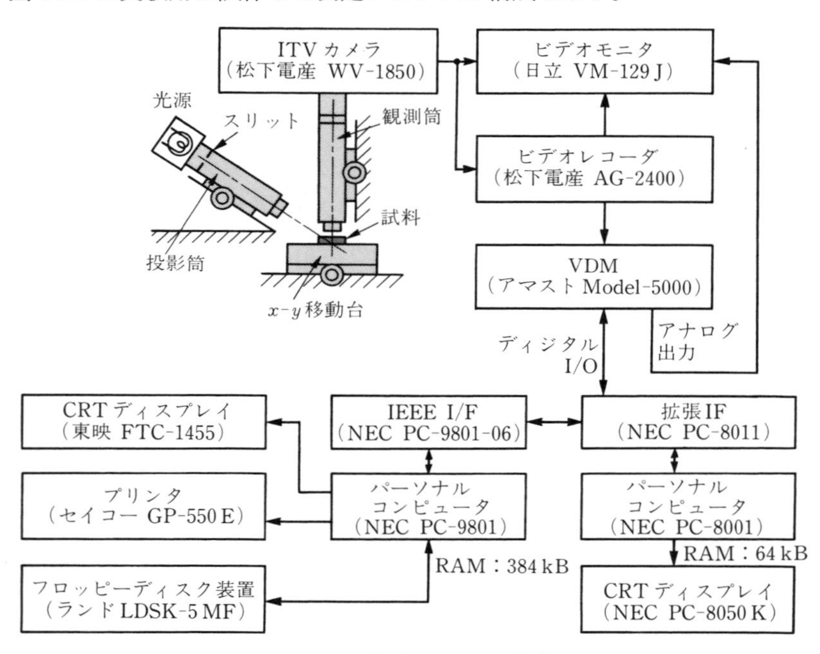

図 6.3　計測システムの構成

図のように工具すくい面観察には特別にスリット投影筒と x-y（2 方向）精密移動台を取り付けた工具顕微鏡を用い，ITV カメラを通じて観測される個々の二次元画像を複合映像信号の形でイメージメモリに入力し，対応するディジタル二次元画像（255×255 画素，16 階調）に変換記録したのち，次項で述べる種々のデータ処理をパーソナルコンピュータとその周辺機器を用いて実行した。**表 6.1** は用いた測定条件の標準的な一例である。

表 6.1　測 定 条 件

スリット幅	：50 μm
投影角度	：60 deg
投影縞の間隔	：8.5〜85.5 μm
レンズ倍率/投影レンズ	：4
/対物レンズ	：5
画像分解能	：8.6 μm/pixel
x-y 移動台の位置決め精度	：0.5 μm/div

6.1.3　データ処理の手順

〔1〕 クレータ摩耗マップの計算　**図 6.4** にクレータ摩耗の三次元分布（クレータ摩耗マップ）を計算するために用いたデータ処理の流れを，また**図 6.5** にいくつかの処理段階で得られた画像例を示す。

1）まず，2 値化変換により 16 階調ディジタル画像(**図 6.5**(b))から“1”画素からなる幅縞の形でひずみ縞を抽出する(図(c))。

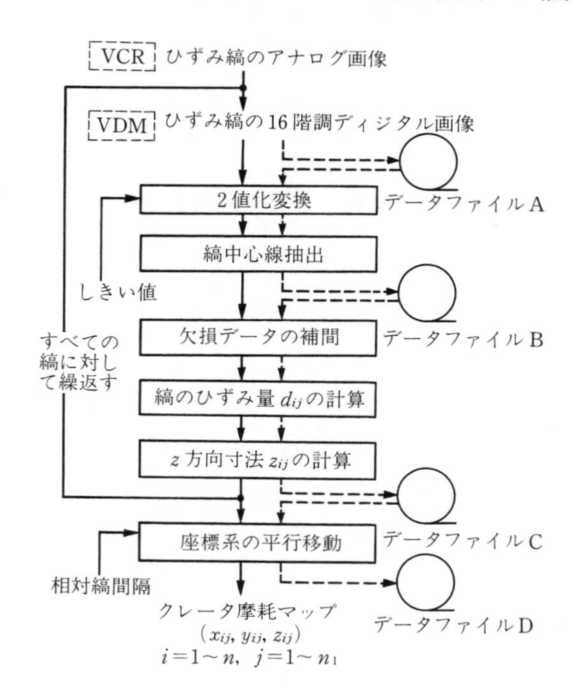

図 6.4　クレータ摩耗マップ作成のためのデータ処理手順

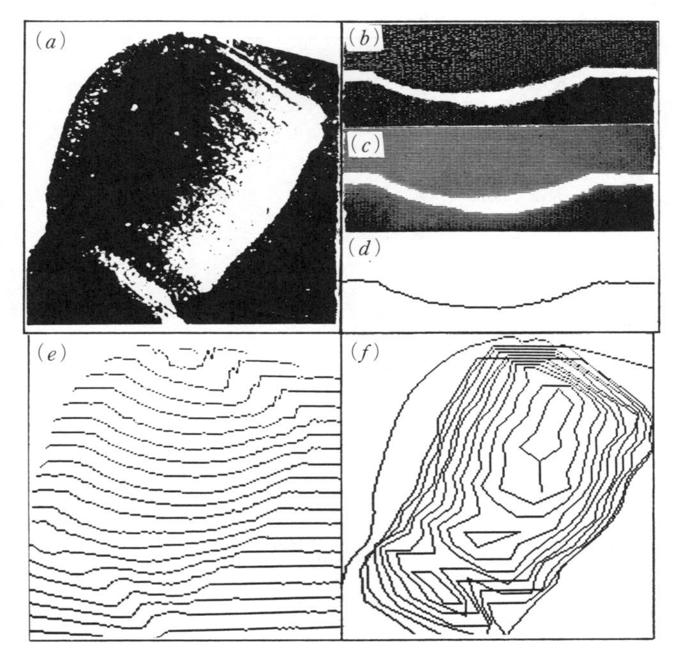

（a）観測工具すくい面の顕微鏡写真　（b）光切断縞の16階調ディジタル画像
（c）図（b）の2値化画像　（d）図（c）から抽出された縞中心線
（e）工具座標上に合成した抽出縞中心線群　（f）得られたクレータ摩耗マップ（等高線図）

図 6.5　クレータ摩耗マップ処理時の代表的画像例

2）つぎに“1”縞の y 方向，すなわち対応するひずみなし縞中心線 C_i' に垂直な方向の各断面で中点画素の位置 (x_{ij}, y_{ij}) を順次計算し，縞中心線 C_i（図（d））を認識する。

3）欠損部分をスプラインまたは直線補間したのち，C_i 上の各画素の C_i' に対するひずみ量 $d_{ij}(x_{ij}, y_{ij})$ を計算する。この際，C_i' が $y=0$ と記述できるような座標系を用いれば，d_{ij} は各画素の y 座標 y_{ij} で表すことができるので，C_i に沿う z 方向寸法 z_{ij} を求めるにはスリット投影係数 $\cot\theta$ をかけるだけでよい（式（6.1））。

これらの手順をすべての投影縞に対して繰り返し，得られた三次元データ (x_{ij}, y_{ij}, z_{ij}) をおのおのの縞の相対位置に応じて観測工具面に固定した基準座標系に平行移動すれば観察した工具すくい面のディジタル三次元画像(クレータ摩耗マップ)が最終的に得られる。**図 6.5**(e)はすべての d_{ij} を“1”と仮定して表示したひずみ縞群の様子であり，図(f) は各 C_i の d_{ij} 同値点の位置を追跡して求めた等高線図である。

〔2〕 **フランク摩耗マップの計算**　切れ刃に沿うフランク摩耗幅の分布(フランク摩耗マップ)を計算するために用いたデータ処理の流れを**図 6.6** に示す。また**図 6.7** はいくつかの処理段階で得られた画像の一例である。

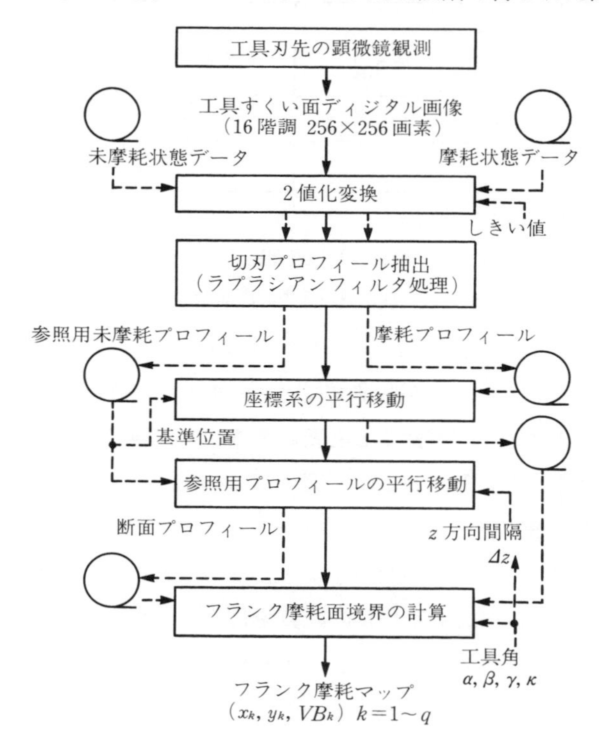

図 6.6　フランク摩耗マップ作成のためのデータ処理手順

1) まず最初に基準切れ刃プロフィールを得るために未摩耗状態での観測を行い，そのあと摩耗状態の観測を必要に応じて繰り返し行えばよい。

2) 観測した 16 階調の二次元画像を適切なしきい値を与えて対応する 2 値画像に変換したあと，ラプラシアンフィルタ処理により切れ刃プロフィールを抽出する。

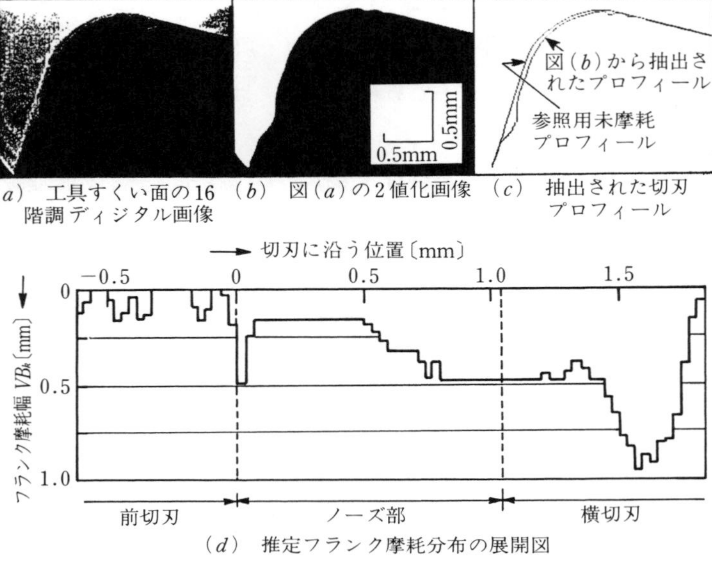

図 6.7　フランク摩耗マップ処理時の代表的画像例

3）得られたプロフィールは各視平面上での位置がたがいに多少異なるため，切削の影響を受けないマーカ部が基準プロフィール上の対応部分に正確に一致するよう，おのおの平行移動する必要がある。本実験では，この移動を前切れ刃の直線部に注目して行った（**図 6.7**(c)）。

4）つぎに前項で述べた原理に従って，基準プロフィールをコーナ稜線方向に順次平行移動し，断面プロフィール群 $F_{z_i}(x, y)=0$ ($i=1, 2, \cdots, n$) を求めたのち，摩耗プロフィールに沿う VB_k の計算を行う。z 方向のサンプリング刻み Δz は要求する分解能に応じて適宜決めればよい。図に見るように，計算結果（フランク摩耗マップ）は最終的にシーケンシャル三次元データ(x_k, y_k, VB_k)の形で記録される。また，これらは必要に応じて種々の図式的表現に変換できる。例えば，**図 6.7**(d)は切れ刃に沿う展開図の形でフランク摩耗分布を示したものである。

〔**3**〕 **統合化処理**　　以上のようにクレータ摩耗マップ，フランク摩耗マップはおのおの三次元データ(x_{ij}, y_{ij}, z_{ij})，(x_k, y_k, VB_k)の形で得られるが，フ

ランク摩耗マップもすくい面画像から抽出した切れ刃プロフィールに沿って計算されているので，両者を１枚のすくい面画像の上に統合化して記録管理することが可能である。**図 6.8** に両データ統合化のための処理手順を，また**図 6.9** に得られた結果の一例を示す。

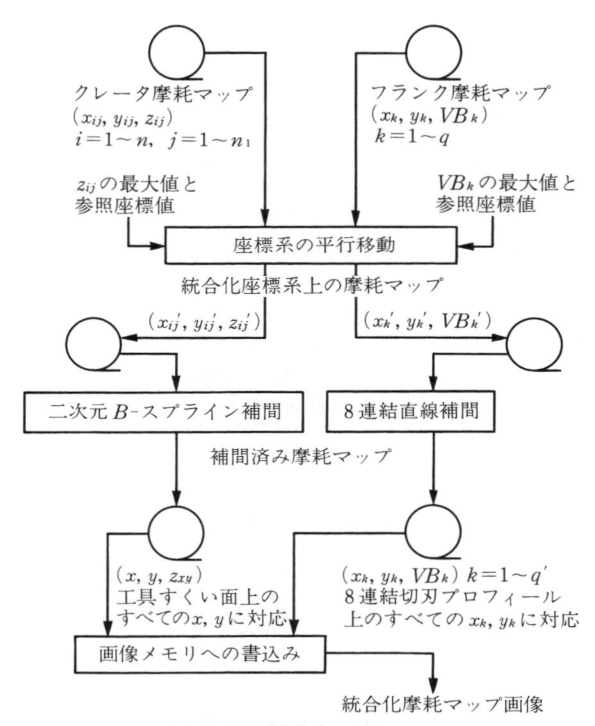

図 6.8 統合化摩耗マップ作成のためのデータ処理手順

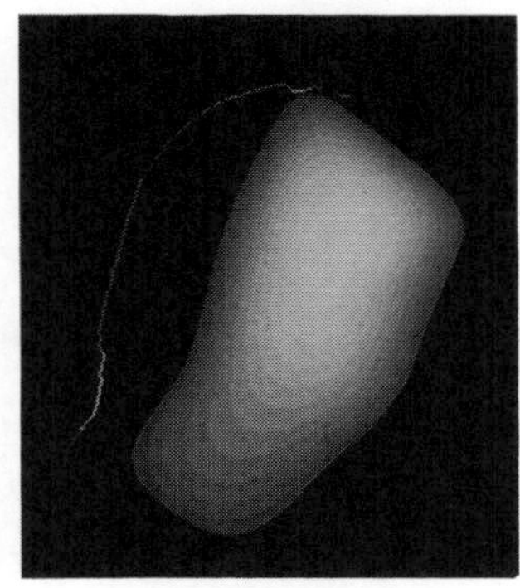

図 6.9 統合化摩耗マップの例

図示の手順により，ここでは z_{ij}，VB_k をディジタルすくい面画像上の各画素の輝度値に変換・対応させた。用いる画素分解能や階調分解能は必要とする記録精度に応じて適宜選べばよく，目録ファイル上あるいはデータファイルのヘッダ上に $z_{ij\max}$ 値，$VB_{k\max}$ 値，階調分解能，画素分解能を参考値として記録しておけば元の数値データ（z_{ij}, VB_k）への変換・回復も簡単に行える。

6.1.4　試作システムの性能と応用性

表 6.2 に示す条件で円筒旋削実験を行い，工具刃先の経時的変化を試作システムを用いて追跡実測し，性能と応用性を検討してみた。なお，測定はすべて先に述べた標準的な測定条件のもとで行った。

表 6.2　旋削実験条件

刃先チップ：P 30　スローアウェイチップ	（イゲタロイ　SNG 432）
被削材：S 20 C	切削速度：200 m/min
送り速度：0.2 mm/rev	切込み深さ：1.0 mm

〔1〕 **クレータ摩耗進行の観察**　　**図 6.10** は測定結果の一例をすくい面等高線図の形で示したものである。図に見るように累積切削時間の増加に伴うクレータの増大が明確にとらえられている。また，以前から用いられてきた摩耗特性値も，図右に示すように切込み深さの 1/2 にある横切れ刃上の点 M を通り，横切れ刃に垂直な直線に沿う断面プロフィールの計算により簡単に知ることができた。

なお，クレータ摩耗マップの測定精度と分解能については，ブリネル硬さ試験用の球状圧子による半球状圧痕を用いた校正試験から相対測定誤差 2％以下，最高分解能 10 μm 以下の十分実用的な値を得た。

〔2〕 **フランク摩耗進行の観察**　　**図 6.11** に測定結果から得られたフランク摩耗分布の一例を示す。図には参考のため対応する横逃げ面の顕微鏡写真も並示した。図に見るように，試作システムは累積切削時間の増加に伴うフランク摩耗成長の全体的様相を知るのに十分有効である。また，図より摩耗特性値 VB，および VN を求めて比較検討したところ，試作システムによる測定

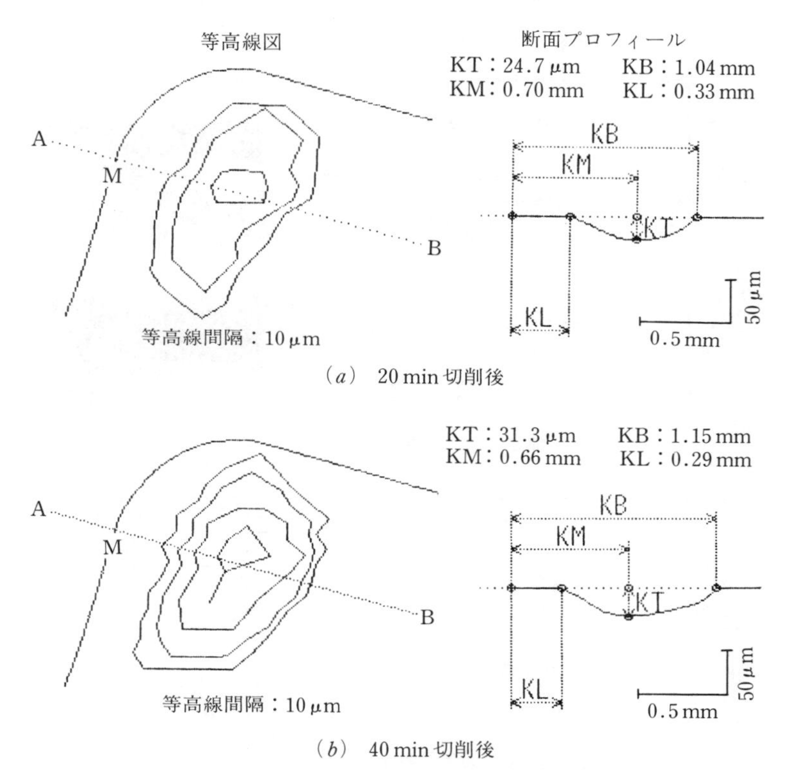

（*a*）　20 min 切削後

（*b*）　40 min 切削後

図 *6.10*　クレータ摩耗発達状態観測例

値は従来の直接的な顕微鏡観察によって得られた対応値と十分よく一致し，両者の相対的差異はいずれも5%を超えることはなかった。さらに，試作システムではここに示したような逃げ面全体にわたるフランク摩耗分布を1枚の工具すくい面画像から測定できたが，従来の直接観察法では少なくとも2枚の画像を必要とする。この簡便性も実用上，多いに注目する必要があろう。

〔***3***〕　**その他の応用例**　　以上のほか，刃先画像データは *6.1.3* 項〔*3*〕で述べた手法で統合・記録されているので，工具像最外周部画素から逆に切れ刃プロフィール $f(x,y)=0$ を座標点列データとして抽出し，これに最小二乗法を用いた円弧近似処理を適用すれば，使用工具の実効刃先丸みとその変化の測定もきわめて簡単に行える（**表 *6.3***）。累積切削時間の増加に伴って実効刃先

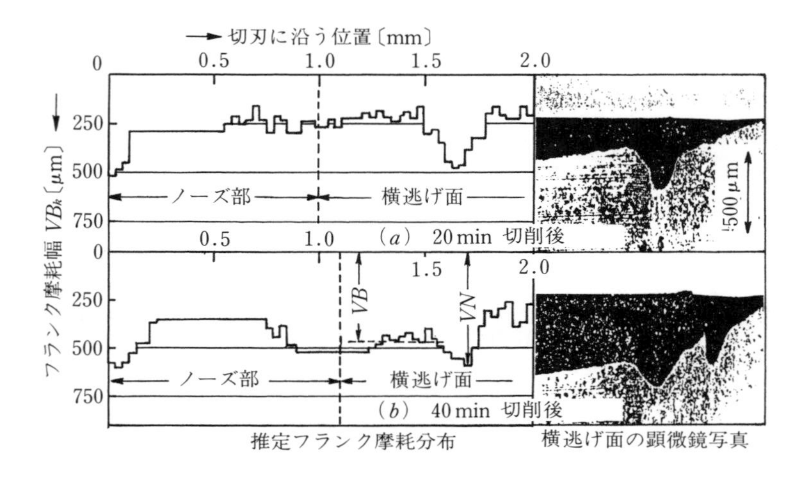

	すくい面からの推定値		逃げ面からの実測値	
	20 min	40 min	20 min	40 min
VN〔μm〕	470	590	450	600
VB〔μm〕	243	467	230	480

VN：境界摩耗溝の最大摩耗幅
VB：平均フランク摩耗幅

図 6.11　フランク摩耗発達状態の観測例

表 6.3　刃先丸み半径変化の実測例

累積切削時間〔min〕	0	10	20	30	40
刃先丸み半径〔mm〕	0.759	0.738	0.721	0.679	0.682

丸みが減少しているのは境界摩耗溝が成長したためである。

6.2　温度場と速度場の可視化情報計測

巨大な熱交換器や原子炉などの中で生じているような熱と流動の複合した伝熱現象の動的挙動をモデル実験などで解明するためには，温度と速度の二つの定量的情報を同時に知る必要がある。本節では，このような熱流体の場を**感温液晶法**（thermo-sensitive liquid crystal method）を用いて可視化し，その可視化画像からディジタル画像処理により速度場と温度場を計測する研究事例を紹介する。

6.2.1 感温液晶法[52),53)]

液晶は分子の配列の状態により，スメクティック液晶，ネマティック液晶，コレステリック液晶に分類されるが，この中でコレステリック液晶の薄層は特定の波長の光に対し選択性散乱を示し，この散乱波長が可視光線の場合，液晶は色を帯びて見える。この現象は温度，液晶物質，機械的な力，電界などによって大幅に変化する。これらの性質はさまざまなセンサへ応用されるが，特にコレステリック液晶の種類によっては温度に対する変化が大きいものがあり，一般的に温度の上昇とともに赤橙黄緑青藍紫と波長の長い領域から短い領域へと変化する。

種々の液晶物質の混合により呈色温度域の異なる液晶を製作できるが，現在市販されているもので，呈色温度レベルは面の温度分布可視化に用いられる膜状の感温シートで−10～100℃，そして流体中で用いられるマイクロカプセル化された感温液晶粒子も−10～100℃の範囲内である。しかし，それらの呈色温度幅は1～5℃と比較的狭い。

熱流動現象の実験には少量のマイクロカプセル化された感温液晶粒子を流体中に懸濁させることにより熱流体場を可視化する。この可視化法を特に**感温液晶粒子懸濁法**（thermo-sensitive liquid crystal suspension method）と呼ぶ。この方法を用いると，色によって温度場を，また粒子の移動によって速度場を同時に可視化することができ，カラー画像処理技術との結合により定量的な情報を得ることが期待される。

6.2.2 可視化実験[54)]

図 6.12 に可視化実験装置の概要を示す。①流体層のアスペクト比（高さ：幅：奥行き）は 80 mm：100 mm：6 mm で，流体層の上下面には厚さ 15 mm の ④ 銅板を伝熱面とする ②，③ の恒温水槽を設置し，恒温水槽から約 30 l/min で一定温度の水が循環するように設定してある。また，伝熱面の温

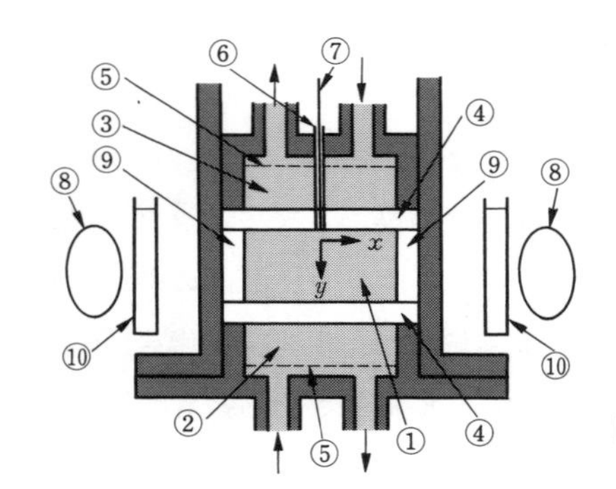

①：流体層　　②：下部恒温水槽
③：上部恒温水槽　　④：伝熱面
⑤：メッシュ　　⑥：ステンレス管
⑦：CA 熱電対　　⑧：ハロゲンランプ
⑨：スリット　　⑩：水フィルタ

図 *6.12* 可視化実験装置の概要

度を均一にするため，循環水の出入口各 2 箇所を対角に配置し，水槽内には⑤のステンレス製メッシュを設け，水のかくはんを図る。流体層の側壁はすべて厚さ 15 mm の透明アクリル板数枚による多重構造となっていて，外部の熱かく乱の流体層への影響はほとんど無視できる。

可視化法として感温液晶粒子懸濁法を用いる。動作流体にはシリコンオイル（信越シリコン KF 96-100 cSt）を用い，液晶はマイクロカプセル化したコレステリック混合液晶（粒子径 10〜20 μm）とし，重量比約 0.1% で懸濁させる。感温液晶粒子は，⑧のハロゲンランプによって，⑨のスリット（幅 2 mm）を通して照射され，温度の上昇とともに呈色範囲では赤橙黄緑青藍紫と波長の長いほうから短いほうに変化する。なお，光源からの熱侵入を防ぐため，光源とスリットの間に 15 mm 厚の ⑩ 水槽（フィルタ）が設置してある。実験に際しては，試験流体層の下面，上面をそれぞれ一定の温度に数時間加熱，冷却し，計測対象の自然対流が十分発達したのを確認したのち，その可視化画像をスリット光に対し 90° の方向に設置されたカラー TV カメラで撮影し記録する。

6.2.3 温度場の計測[54)]

〔*1*〕 **校 正 実 験**　感温液晶の色/温度校正実験はつぎの手順で行う。自然対流の場合とは逆に，上部水槽を高温，下部水槽を低温に設定し，数時間経過すると，容器内に温度成層が形成される。安定した温度成層状態で，**図 *6.***

12 に示すように，⑥のステンレス管を通じて流体層中央に挿入した⑦の CA 熱電対を温度勾配方向にトラバースさせて 60 点以上の位置で流体層内の温度を測定する。同時に可視化画像を記録することにより，温度測定点近傍の感温液晶粒子の色情報を得る。

〔*2*〕 **色の計測（色の三属性への変換）**　カラー画像処理を行うためには，色の識別あるいは計測が必要となる。一つのカラー画像は R，G，B の三つの画面に色分解される。それゆえ 1 画素につき R, G, B の三つの濃度値の情報がある。これは**図 *6.13*** に示す色空間内の一つのベクトル $\boldsymbol{Q}(R, G, B)$ として表され，ベクトルの大きさは**明度**（value）に関係する。すなわち，明るさの度合である。この色ベクトル空間の(1,1,1)面は**色三角形**（color triangle）と呼ばれ，ベクトル $\boldsymbol{Q}$ との交点 q(r, g, b)は**色度座標**（chromaticity coordinates）を示す。**図 *6.14*** は色三角形を示し，重心 w(1/3,1/3,1/3)と点 q との距離 c は彩度に wR と wq のなす方位角 h は**色相**（hue）に関係する。ここでいう彩度は無彩色 w からの距離で，マンセル表色系では**クロマ**（chroma）と呼ばれ，色みの量を表すと考えられる。また，色相は赤，緑，青という色そのもの（色の種類）を表す。RGB 色空間から色知覚の 3 属性である明度 v，彩度 c，色相 h への変換式はつぎのように表される。

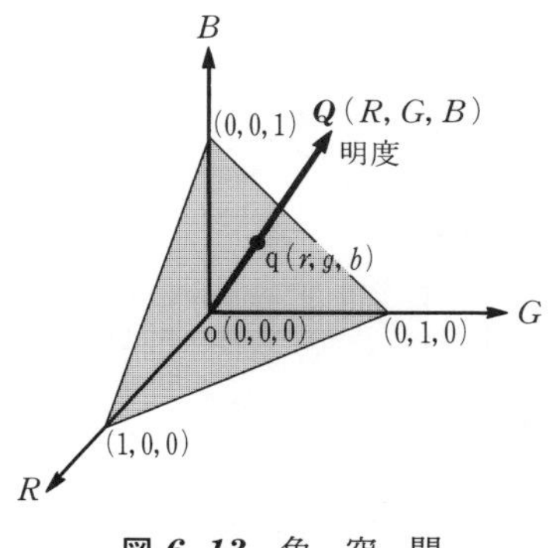

図 *6.13* 色 空 間

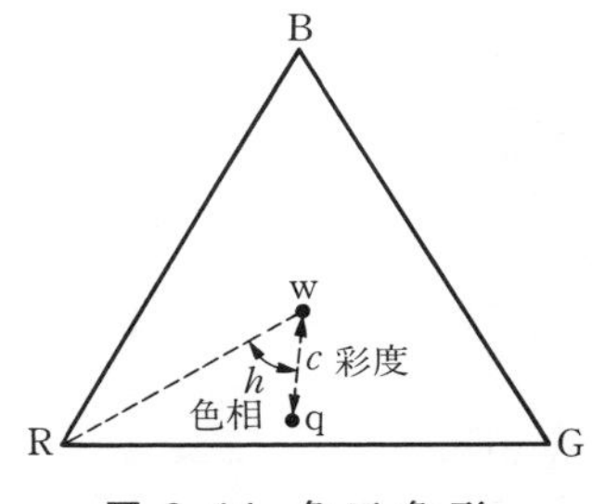

図 *6.14* 色三角形

$$\left.\begin{aligned} v &= R+G+B \\ c &= \sqrt{\left(r-\frac{1}{3}\right)^2+\left(g-\frac{1}{3}\right)^2+\left(b-\frac{1}{3}\right)^2} \\ h &= \begin{cases} \theta & (g \geqq b) \\ 2\pi-\theta & (g<b) \end{cases} \end{aligned}\right\} \quad (6.4)$$

ただし

$$r=\frac{R}{R+G+B},\quad g=\frac{G}{R+G+B},\quad b=\frac{B}{R+G+B},$$

$$\theta=\cos^{-1}\frac{(2r-g-b)}{\sqrt{6}\,c}$$

である。

〔**3**〕 **色/温度校正曲線**　　**図 6.15**（a），（b），（c）に校正実験より得た熱電対で測定された温度 T と色の三属性（明度 v，彩度 c，色相 h）の関係を示す。ただし，色の3属性は温度測定点近傍の縦横 3×25 画素で式（6.4）によ

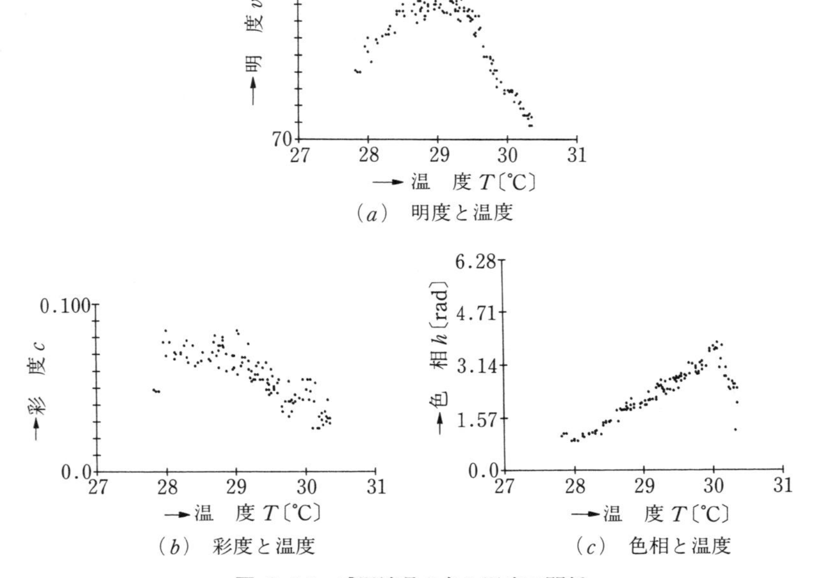

（a）　明度と温度

（b）　彩度と温度

（c）　色相と温度

図 6.15　感温液晶の色と温度の関係

り計算され，図中には各測定点での平均値を示した。なお，画素分解能は 0.25 mm/pixel である。図から明度，彩度の高い領域では，色相は温度にほぼ比例して増加するが，明度，彩度とも低く，感温液晶の呈色範囲を超えていると考えられる $T>30$℃の領域では，比例関係は成り立たない。

したがって，呈色範囲内では温度と色相は比例関係にあるので，明度にしきい値を設定し，呈色範囲のみを色による温度推定に利用する。明度のしきい値を 95 とした場合の色相と温度の関係を**図 6.16** に示す。色相と温度の相関係数は 0.979 と高いので，その関係をつぎの回帰直線で表す。

$$T=\alpha h+\beta \qquad (6.5)$$

ここで，α と β は標本回帰係数であり，それぞれ 0.777 と 27.4 である。上式を色相に基づく色/温度校正直線として，各画素の色相値 h から温度 T を推定できる。なお，式（6.5）の回帰直線周りの温度の標準偏差は 0.123℃である。

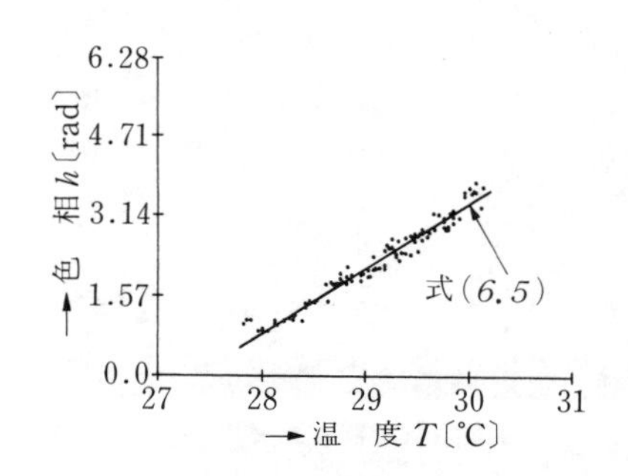

図 6.16　色相に基づく色/温度校正曲線

6.2.4　速度ベクトル場の計測

本実験のように粒子径の小さい感温液晶粒子を用いて得られるトレーサ可視化画像から速度ベクトル分布を求めるには，個々のトレーサ粒子を追跡するトレーサ粒子追跡法よりも，複数のトレーサ粒子の作る小領域の濃度パターンとしてとらえる相関法が有用である。そこで，5.5.3 項〔2〕で述べた画像相関法による速度ベクトル分布計測法を本可視化画像に適用する。ただし，相互相関関数の計算には R,G,B 信号を輝度信号に変換した画像データを用いる。

なお，相関計算を実行する小領域の画素マトリクスの大きさは 27×27 とする。

6.2.5　二次元自然対流への適用[54)]

上述の温度分布推定と速度ベクトル分布推定の原理に基づいたアルゴリズムを感温液晶法で得られた自然対流（対流による熱拡散と熱伝動による熱拡散の比を表す無次元数であるレイリー数 $Ra=2.42\times10^6$）の可視化画像に適用した結果を**図 6.17**，**図 6.18** に示す。**図 6.17** は温度分布を，**図 6.18** は 37×31 個の格子点の速度ベクトル分布を示す。相関計算の際の 2 画像間の時間間隔 τ は 4.0 s とした。このように流れ場と温度場の同時計測が可能となり，両分布から自然対流のつぎのような特徴的なパターンの一つが明らかとなる。

上面の低温度の流体は流体層中央で下面へと下降していき，一方下面近傍の

（a）　$t=0$ min

（b）　$t=2$ min

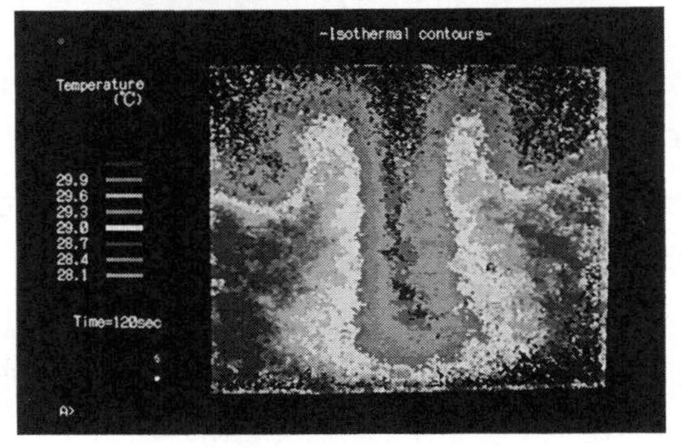

図 6.17　自然対流の温度分布

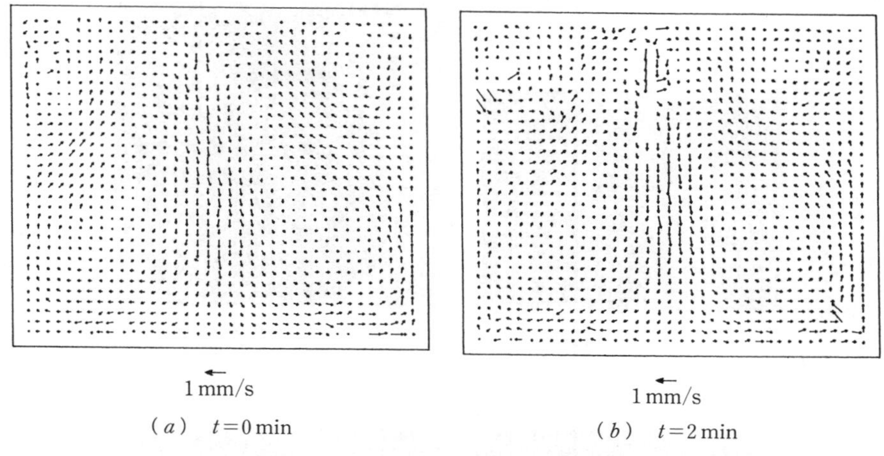

（a） $t=0$ min　　（b） $t=2$ min

図 6.18 自然対流の速度ベクトル分布

高温度の流体は左右の側壁に向かって移動し，流体層の下面左右の隅で曲げられ，側壁に沿って上昇する。また，この条件ではレイリー数が大きいため，非定常的な自然対流となり，上面左右の隅に発生する二次渦の大きさが時間的に変動する非定常自然対流の特徴的パターンが明瞭にとらえられている。なお，このパターンの周期は約 7〜8 min であった。

6.2.6 三次元温度・速度計測[55),56)]

前項と同じ手法で三次元の温度場と速度ベクトル場の同時計測が可能である。ここでは，観測面を固定した状態で内部の流れ場が観測できる代表例として回転容器内の定常的な自然対流現象への適用例を述べる。

〔*1*〕 **温度場の計測**　観測面は固定しているため，**図 6.19** に示すようにそれぞれの可視化画像に対応した二次元温度分布（半断面）が前項の手法で求められる。ただし，色/温度変換には前項で利用した色相に基づく校正直線ではなく，ニューラルネットワークを用いた。容器は回転しているため 1 回転で 178 枚のこのような温度分布が得られる。これらのデータから B-スプライン関数を用いて周方向補間を行うことにより三次元空間の任意の位置での温度情報が得られる。**図 6.20** に得られた温度場の三次元表示を示す。

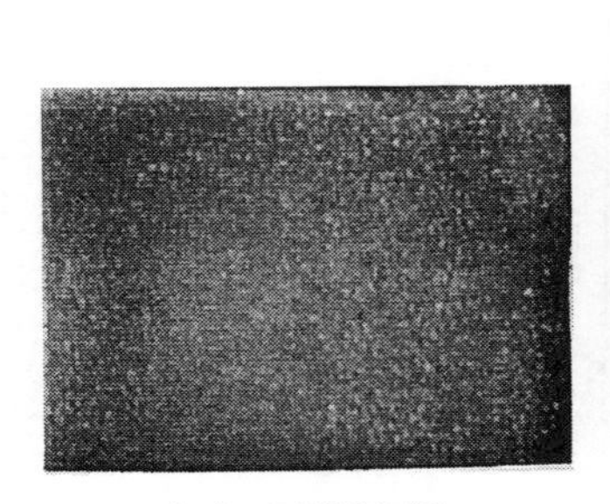

（a）　可視化画像

（b）　温度分布

図 6.19　スリット断面での可視化画像と温度分布

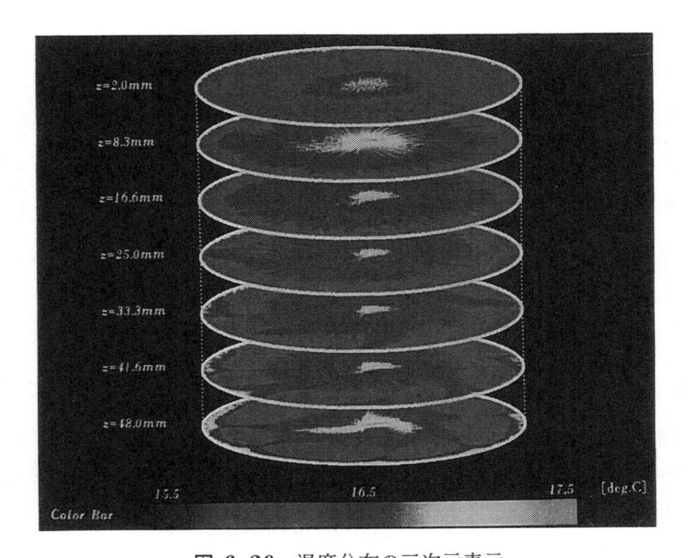

図 6.20　温度分布の三次元表示

〔2〕　**速度ベクトル場の計測**　　このような容器が回転している場合の三次元速度ベクトル計測は一般的に難しいが，5.5.3 項で述べた画像相関（空間相関）に基づく二次元速度情報に加えて，空間的に異なる場の二つのトレーサ画像から時間相関に基づく一次元速度情報を獲得すれば，三次元速度ベクトルを求めることができる。この方法を**時空間相関法**[61)]という[58)]。その原理を**図 6.21** に示す。以下の手順で三次元速度ベクトルを求めることができる。

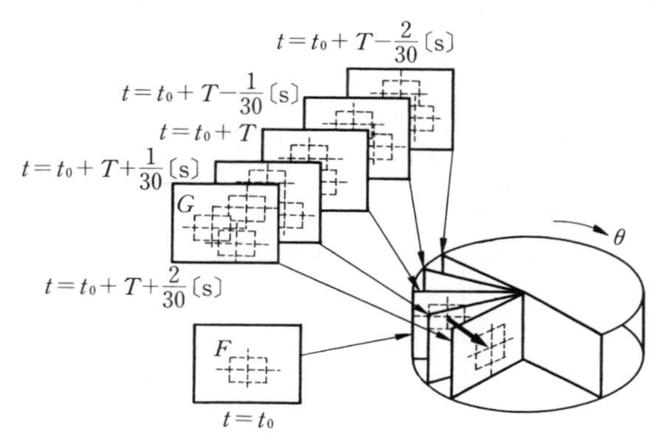

図 6.21 時空間相関法による計測原理

1）容器が回転してるので，1/30 s ごとに異なる位置でのスリット画像が得られる。

2）ある時刻 $t=t_0$ での画像中に $n\times n$ 画素の小領域マトリクス F を設定し，基準マトリクスとする。

3）さらに，図示のように 1 回転前後の画像中の探査領域に小領域マトリクス G を設定する。T は 1 回転に要する時間，α は 1/30, 2/30, 3/30 s である。

4）画素マトリクス F と G についてグレイレベルの規準化相互相関関数（*5.5.3* 項基本原理 2）を計算する。

5）ある画素マトリクス G との相関値が最大となれば，小領域 F のトレーサ粒子群がほぼ 1 回転の間に小領域 G へ移動したことになる。したがって，小領域 F の三次元速度ベクトルが得られる。

6）上の操作を全画像に施せば，スリット面での三次元速度ベクトル分布が求められる。

図 6.22 に回転容器内の自然対流の半断面での三次元速度ベクトル分布を示す。相関計算実行のための画素マトリクスサイズは $n=19$ である。上図は z 方向の成分を示し，下図は x, y 方向の速度成分である。**図 6.23** は四つのスリット位置での三次元速度ベクトル分布である。

図 6.22，**図 6.23** から，対流の様相は容器中央の高温部分で上昇し，周囲付近で下降する軸対称流を基本とするが，底面に近い部分に二次的なロール状の対流が存在することがわかる。

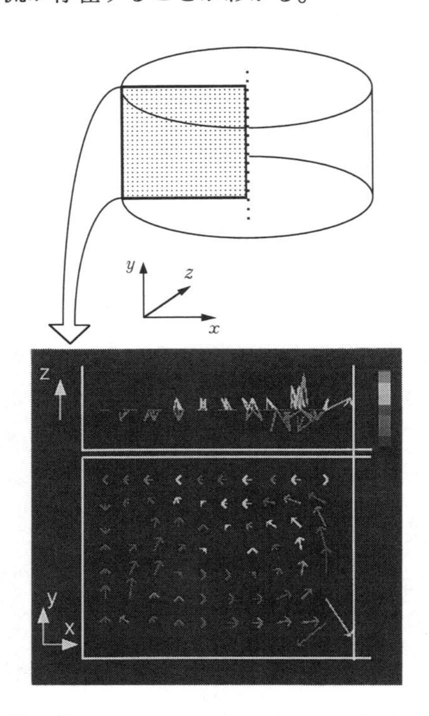

図 6.22　三次元速度ベクトル分布

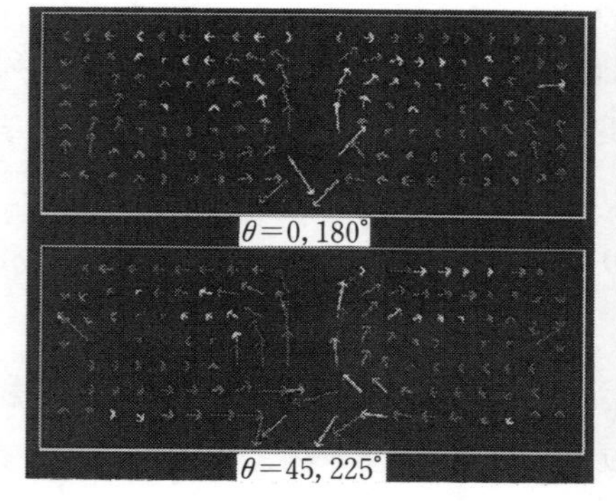

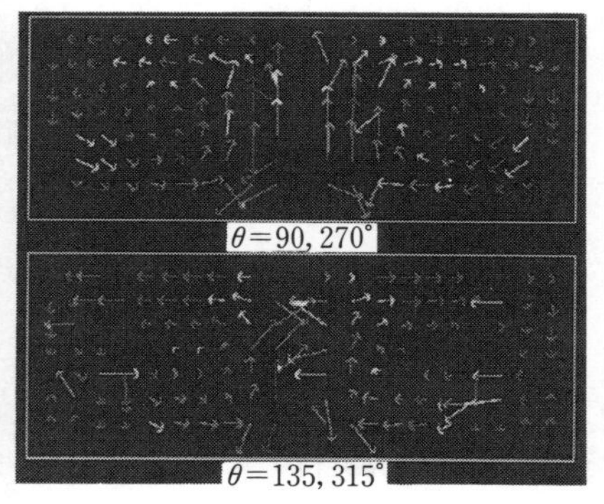

図 6.23　四つのスリット断面での三次元速度ベクトル分布

6.3 スペックルシアリング干渉法によるたわみ勾配の測定

変形している物体のたわみ勾配やひずみは，物体表面の変位を測定し，その値を空間的に微分することによって得ることができる。物体の変位分布を測定する方法としては干渉計を用いた光学的方法が広く用いられている。粗面物体の変位をTVカメラを用いて測定する方法としては電子式スペックル干渉法が広く用いられている。また，これに位相シフト法を適用し，高い精度を得る方法[57),58)]も用いられている。

しかし，物体の表面が粗面である場合には，スペックルのため測定データに統計的にランダムなノイズが含まれてしまう。このデータを数値的に微分すればノイズを増幅することになり，測定結果（たわみ勾配）は非常に不正確なものとなる。この誤差を小さくするためには，変位ではなく変位の空間微分を直接測定すればよく，このために広く用いられているのがひずみゲージである。しかし，この手法ではゲージを貼付した点（微小領域）のひずみを求めるのは容易であるが，物体面全体としての分布を求めるのは困難である。また，ゲージを物体面に貼付するため，物体変位に与える影響も無視できない。そこで，非接触で変位の空間微分分布を得ることができる位相シフトスペックルシアリング干渉法を検討した。

6.3.1 位相シフトスペックルシアリング干渉法

位相シフトスペックルシアリング干渉計の基本的な光学系を**図 6.24** に示す。レーザ光で照射した粗面物体表面を，レンズLを用いて像面上に結像し，スペックルを含んだ物体表面の像を得る。この像面の前方 Δz だけ離れた位置に回折格子 G_1 を設置することにより，シアリング干渉計を構成する。この回折格子により物体表面から伝搬してくる光は回折し，直進する0次光と回折角 θ の方向に伝搬する1次回折光の2方向の光となる。したがって，像面上には0次光による像と，1次回折光による像のシアされた二つの像が結像される。

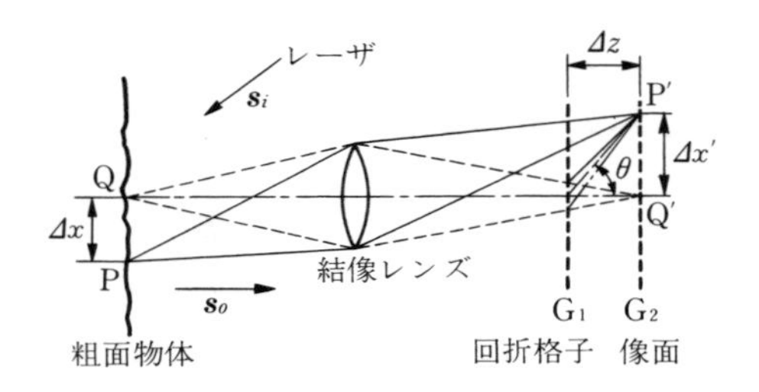

図 6.24　位相シフトスペックルシアリング干渉計

このシア量は物体面上では次式で表される大きさとなる。

$$\Delta x = \frac{\Delta z}{m} \tan\theta \tag{6.6}$$

ただし，m は結像系の横倍率である。この光学系においては像面上の点 P′ では，物体面上の点 P からの散乱光の 0 次光と，点 Q からの散乱光の 1 次回折光が干渉を起こす。点 P′ における光の強度 I は点 P および点 Q から直接光の強度を I_P，I_Q とすれば

$$I = I_P + I_Q + 2\sqrt{I_P I_Q}\cos\phi \tag{6.7}$$

と表される。ただし，ϕ は点 P からの光と点 Q からの光の間の位相差を表す。物体が変位すれば位相差 ϕ は $\delta\phi$ だけ変化する。この位相差変化 $\delta\phi$ は点 P における変位を $\boldsymbol{u}(x)$ とすれば

$$\delta\phi = \frac{2\pi}{\lambda}(\boldsymbol{s}_i - \boldsymbol{s}_o)\frac{\delta\boldsymbol{u}}{\delta x}\Delta x \tag{6.8}$$

で与えられる。ここで，$\boldsymbol{s}_i, \boldsymbol{s}_o$ はそれぞれ光の照明方向，観測方向の単位ベクトルである。また，λ はレーザ光の波長である。上式中の $\boldsymbol{s}_i, \boldsymbol{s}_o, \Delta x$ は光学系に固有な値であるため，$\delta\phi$ の値を求めれば上式より変位の $\boldsymbol{s}_i - \boldsymbol{s}_o$ 方向成分の x 方向微分成分を得ることができる。特に，光の照明方向，観測方向が同じで，いずれも物体表面の法線方向を向いている場合には

$$\delta\phi = \frac{4\pi}{\lambda}\frac{\delta u}{\delta x}\Delta x \tag{6.9}$$

となる。ただし，u は変位の面外方向成分を表す。

位相差の変化を精度よく測定するために 4 ステップ位相シフト法（縞走査法）を用いる。本干渉計では回折格子 G_1 を格子と垂直な方向に移動すること

により位相シフトを行っている。すなわち，格子間隔 p の回折格子が d だけ移動すれば，1次回折光のみ位相が $2\pi d/p$ だけ変化するので，回折格子を格子間隔の 1/4 ずつ移動した光強度分布を観測すれば，$0, \pi/2, \pi, 3\pi/2$〔rad〕の位相シフトを与えた4枚の画像を得ることができる。

変形前の像に $0, \pi/2, \pi, 3\pi/2$〔rad〕の位相シフトを与えた4枚の画像の光強度は式（6.7）より次式のように表される。

$$I_{bn} = I_P + I_Q + 2\sqrt{I_P I_Q}\cos\left\{\phi + (n-1)\frac{\pi}{2}\right\} \quad (n=1,2,3,4) \quad (6.10)$$

上式の ϕ の値はスペックルのため空間的にランダムな値をとる。また，同様に変形後の像に位相シフトを与えた画像の光強度は

$$I_{an} = I_P + I_Q + 2\sqrt{I_P I_Q}\cos\left\{\phi + \delta\phi + (n-1)\frac{\pi}{2}\right\} \quad (n=1,2,3,4) \quad (6.11)$$

と表される。光強度が式（6.10），（6.11）で表される8枚の画像を用いて位相差の変化 $\delta\phi$ は次式から計算することができる。

$$\delta\phi = \tan^{-1}\frac{(I_{b1}-I_{b3})(I_{a4}-I_{a2})-(I_{b4}-I_{b2})(I_{a1}-I_{a3})}{(I_{b1}-I_{b3})(I_{a1}-I_{a3})+(I_{b4}-I_{b2})(I_{a4}-I_{a2})} \quad (6.12)$$

この計算結果より，式（6.9）を用いて面外変位成分の空間微分，すなわちたわみ勾配を求めることができる。ただし，この計算により得られる位相値は $\tan^{-1}$ の主値であるため，$-\pi$〔rad〕と π〔rad〕の近傍では不連続な値となるので，連続的なたわみ勾配分布を得るためには，得られた位相データを用いて位相アンラッピングを行う必要がある。

本干渉計ではシアリング干渉により生じる干渉縞の間隔は回折格子の回折角により決まる。また，スペックルの最小径は結像レンズの開口角により決まる。ここでは**図 6.24** に示すように，開口角よりも回折角のほうが大きいためスペックルの中に干渉縞が形成されることになり，物体に変位を与えたときや，位相シフトを加えたときには，それらの位相変化に応じてスペックル中の干渉縞が移動する。

一方，画像記録には CCD カメラを用いるが，CCD カメラの画素の大きさは

一般に10 μm程度で，スペックルの大きさとほぼ同程度で，干渉縞の間隔より小さい。したがって，位相変化による干渉縞の移動は画素内で平均化され検出することができない。そこで，この干渉縞の移動を検出するために，本光学系では像面上に回折格子 G_1 と同じ格子間隔の回折格子 G_2 を設置した。これによって像面上に形成される干渉縞と G_2 との間に生じるモアレ効果を利用して位相変化による干渉縞の移動を平均化されたスペックルの強度変化として検出することができる。

片持ばりのたわみ勾配を測定するための測定システムを**図 6.25** に示す。この光学系において，光の波長は λ=632.8 nm，回折格子の格子間隔 p=2.2 μm，回折角 θ=16.7° で，物体面上でのシア量 Δx は1.5 mmである。位相シフトは回折格子 G_1 をPZTを用いて0 μm，0.55 μm，1.1 μm，1.75 μmだけ平行移動することにより行う。変形前後の各4枚ずつの位相シフト画像を，CCDカメラにより取り込み，画像入力装置によりA-D変換し，パーソナルコンピュータのRAMに入力する。入力した8枚の画像から式（*6.9*），（*6.12*）を用いて，物体面の各点におけるたわみ勾配を計算する。

片持ばりのたわみ勾配を測定した結果を**図 6.26**，**図 6.27** に示す。**図 6.26** は式（*6.12*）による位相差変化の計算結果をTVモニタ上に出力したも

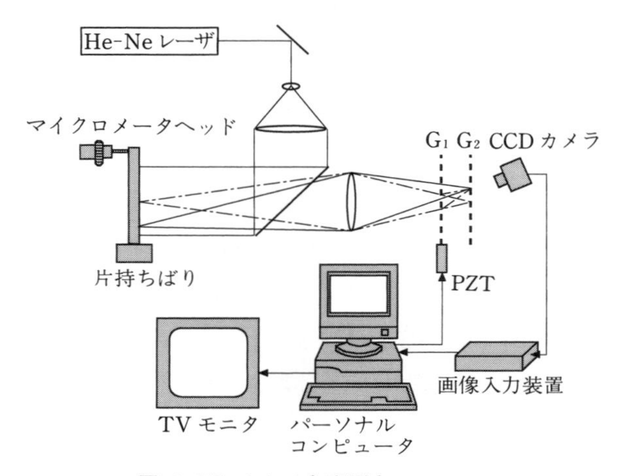

図 6.25　たわみ勾配測定システム

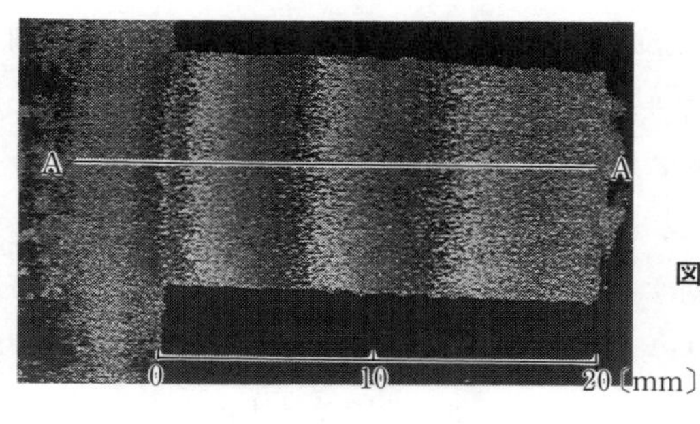

図 6.26　位相差変化の測定結果
(TV モニタ)

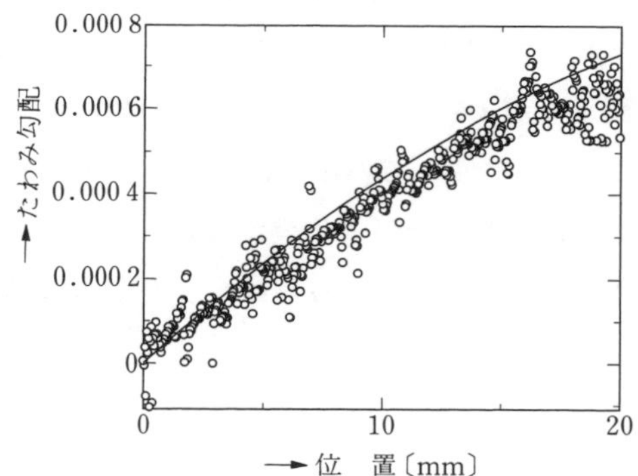

図 6.27　たわみ勾配測定結果

ので，$-\pi$～π〔rad〕までの位相差変化をモニタ上で 256 階調の輝度分布で表している。明点は$-\pi$〔rad〕を表し，暗点がπ〔rad〕の位相差変化を表している。

この実験では図中の左端が片持ばりの固定端であり，固定端から 50 mm 離れた位置に 30 μm の変位を与えている。また，この実験ではπ〔rad〕の位相差変化が 1.05×10^{-4} のたわみ勾配に対応している。**図 6.27** は**図 6.26** 中の A-A 線上のたわみ勾配の値を式 (*6.9*) を用いて計算し，さらに位相アンラッピングを行った結果である。横軸が A-A 線上の測定位置，縦軸がたわみ勾配を表している。また，図中の実線はたわみ勾配を理論的に求めた結果である。紹介した方法によればたわみ勾配の空間的な分布を$\pm3\times10^{-5}$程度の精度で測定できることがわかる。

6.3.2　位相シフトスペックル干渉法の精度[59]

位相シフト法による位相計算は一般に高精度が期待できるが，このためには位相シフトによる干渉光の強度変化を正確に検出しなければならない。例えば，前述の位相シフトスペックルシアリング干渉計において式（*6.12*）を用いて位相差変化を正確に計算するためには，式（*6.10*），（*6.11*）のアナログ値を正確に検出するだけでなく，アナログ画像信号を画像入力装置によりA-D変換する際の量子化誤差に対する配慮が必要である。位相シフトによる干渉光の強度変化の大きさ，すなわち式（*6.10*），（*6.11*）による値がA-D変換器のダイナミックレンジと同程度であれば，量子化誤差は比較的小さい。しかし，スペックル干渉法ではI_P，I_Qの値は空間的にランダムな値を取るため，干渉光強度変化の大きさが小さい測定点が多数存在する。これらの測定点ではA-D変換器のダイナミックレンジを有効に使っているとはいえず，等価的なダイナミックレンジが小さくなるため，相対的な量子化誤差は大きくなり，位相差計算結果に大きな影響を及ぼす。等価的ダイナミックレンジと位相差計算誤差の間の関係を**図 *6.28*** に示す。

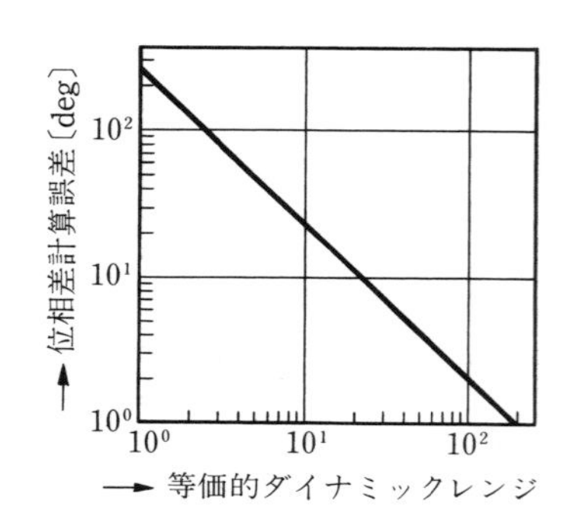

図 *6.28* A-D変換器の等価的ダイナミックレンジと最大位相差計算誤差の関係

すなわち，スペックル干渉法を用いて高精度な結果を得るには，干渉光強度変化の小さい点を測定点から取り除く必要がある。**図 *6.26*** のA-A線上の位相差変化データのうち，干渉光強度変化が小さい点を取り除いた結果を**図 *6.29*** に示す。図(*a*)はすべての測定点，図(*b*)は強度変化が256段階（8ビット）で32（5ビット）以下の点を除去した結果，図(*c*)は64（6ビット）以下の点を除去した結果，図(*d*)は80以下の点を除去した結果である。強度変化の大きい測定点のみを抜き出すことにより，高精度な測定点のみを抽出でき

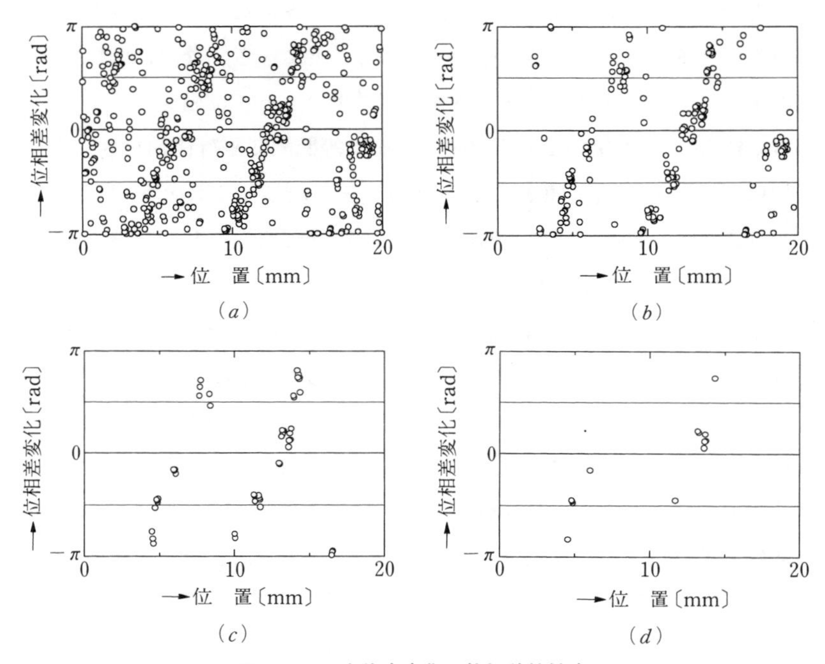

図 6.29 光強度変化と位相計算精度

ることがわかる。

6.3.3 位相シフト誤差の補正

位相シフト法においては $\pi/2$ ステップの位相シフトを与えているが，この位相シフトの誤差が位相計算結果に誤差を生じる。一般の位相シフト法では位相シフトを実現するために，PZT などを用いて干渉計中の鏡を移動させているが，PZT の動作は比較的正確に制御できるため，比較的正確な位相シフトを与えることができる。

一方，回折格子を用いた位相シフトスペックルシアリング干渉法では回折格子を格子間隔の 1/4 ずつ移動することにより位相シフトを与えている。回折格子の格子間隔は，回折格子全面にわたって一定であるわけではなく，空間的に不均一な分布をしている。このため，ある点では正確に位相シフトが加えられていても，ほかの点では位相シフト量が異なることになる。すなわち，位相シフト誤差による測定誤差が空間的に分布することになる。なお，回折格子を用いて位相シフトを行うには，回折格子の移動量によって位相シフト量を制御するから，PZT などを用いて回折格子を正確に等間隔で平行移動できれば，$\pi/2$ ずつではなくとも，一定値 α ごとの位相シフトを与えることができる。しかし，α の値は格子間隔の分布に応じて空間的に分布することになる。このときの干渉光強度は次式で表される。

$$I_{bn}=I_P+I_Q+2\sqrt{I_PI_Q}\cos\{\phi+(n-1)\alpha\}\qquad(n=1,2,3,4)\qquad(6.13)$$

$$I_{an}=I_P+I_Q+2\sqrt{I_PI_Q}\cos\{\phi+\delta\phi+(n-1)\alpha\}\qquad(n=1,2,3,4)\qquad(6.14)$$

位相測定のための Carré の方法を位相差変化の測定に拡張して考えると，位相差変化の値は次式により計算することができる。

$$\delta\phi=\tan^{-1}\frac{k(-I_{a1}-I_{a2}+I_{a3}+I_{a4})(I_{b1}-I_{b2}-I_{b3}+I_{b4})-k(I_{a1}-I_{a2}-I_{a3}+I_{a4})(-I_{b1}-I_{b2}+I_{b3}+I_{b4})}{(I_{a1}-I_{a2}-I_{a3}+I_{a4})(I_{b1}-I_{b2}-I_{b3}+I_{b4})+k^2(-I_{a1}-I_{a2}+I_{a3}+I_{a4})(-I_{b1}-I_{b2}+I_{b3}+I_{b4})}\qquad(6.15)$$

ただし，k は位相シフト補正ファクタであり

$$k=\tan\frac{\alpha}{2}=\sqrt{\frac{3(I_{b3}-I_{b2})-(I_{b4}-I_{b1})}{-I_{b1}-I_{b2}+I_{b3}+I_{b4}}}\qquad(6.16)$$

で与えられる。この k の値は空間位置により異なるが，計測システムが安定していれば，システムに固有な値となるため測定前に一度計算すれば十分である。

図 6.30 は位相シフト誤差が含まれる場合に位相差変化 $\delta\phi$ の計算結果にどの程度誤差が生じるかをシミュレーションした結果である。位相差変化 $\delta\phi$ が $\pi/6$〔rad〕の場合で，図の横軸は 1 回の位相シフト量 α であり，縦軸は計算によって得られた位相差変化の値である。また，図中の○は式（6.15），（6.16）を用いて $\delta\phi$ を求めた結果であり，●は式（6.12）を用いて求めた結果である。この結果より，式（6.12）を用いた計算は位相シフト量が正確に $\pi/2$〔rad〕のときには正確な測定値が得られるが，それ以外の場合には大きな誤

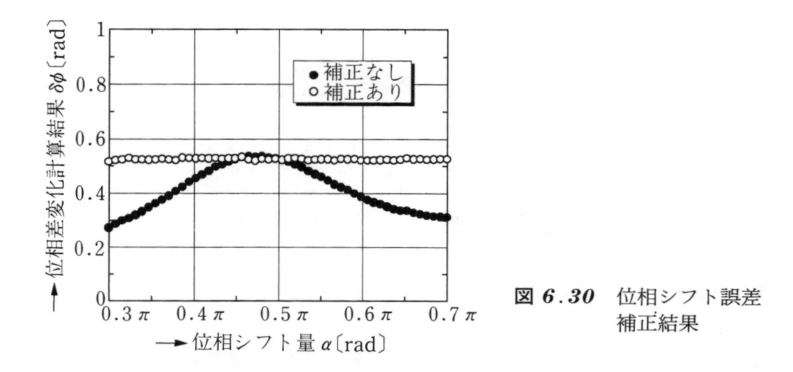

図 6.30　位相シフト誤差補正結果

差を含むことがわかる。これに対し，式（6.15），（6.16）を用いた計算法では，位相シフト量が正確に$\pi/2$でなくてもほぼ正確な測定値を得ることができる。この結果は位相シフト誤差を含んだ画像データであっても，本手法を用いてこれを補正し，正確な位相測定が可能であることを示している。

引用・参考文献

1）湯浅光朝：解説 科学文化史年表，中央公論社（1950）
2）JIS Z 8103 計測用語，日本規格協会（1990）
3）下田 茂，稲荊 久，愛原惇士郎，高野英資，長谷川富市：計測工学，コロナ社（1982）
4）森 政弘，小川鑛一：放送大学教材 計測と制御（改訂版），日本放送出版協会（1988）
5）大木正喜：測量学，森北出版（1998）
6）JIS Z 8203：国際単位系（SI）及びその使い方，日本規格協会（2000）
7）JJY 報時システム資料，情報通信研究機構（2020）
8）JIS Z 8202：参考1 量，単位及び記号に関する一般原則，日本規格協会（1985）
9）大西義英：計測工学，理工学社（1966）
10）谷口 修，堀込泰雄：計測工学，森北出版（1977）
11）岡村総吾，寺尾 満：基礎工学11 測定論Ⅰ，Ⅱ，岩波書店（1969）
12）JIS B 7502：マイクロメータの性能，日本規格協会（1979）
13）JIS B 7516：金属製直尺，日本規格協会（1987）
14）朝香鉄一：品質管理のための統計数学，東京大学出版会（1963）
15）高木 相：応用計測通論，啓学出版（1972）
16）築添 正：精密測定学，養賢堂（1974）
17）今井秀孝：計測の信頼性評価，日本規格協会（1996）
18）岩田耕一，久保速雄，石垣博行，岩崎善久：新版 機械計測，朝倉書店（1995）
19）谷口 修：入門工業計測，実教出版（1976）
20）横井与次郎：リニア IC 実用回路マニュアル，ラジオ技術社（1975）
21）奥村廸夫：定本 OP アンプ回路の設計，CQ 出版社（1990）
22）阿部善右衛門，木下敏雄：計測回路，朝倉書店（1980）
23）南 茂夫：科学計測のための波形データ処理，CQ 出版社（1986）
24）中村尚五：ビギナーズデジタル信号処理，東京電機大学出版局（1989）
25）中村尚五：ビギナーズデジタルフーリエ変換，東京電機大学出版局（1989）

26) 辻井重男，青山友紀，大和田允彦，友沢淳，持田侑宏，板倉文忠，太田忠一，金谷文夫，原島　博：ディジタル信号処理の応用，電子情報通信学会（1981）
27) 松田　稔：ディジタル信号処理入門，日刊工業新聞社（1984）
28) 前田　渡：ディジタル信号処理の基礎，オーム社（1980）
29) 久保田一：わかりやすいフーリエ解析，オーム社（1992）
30) 南　茂夫，木村一郎，荒木　勉：はじめての計測工学，講談社（1999）
31) 津村喜代治：基礎精密測定，共立出版（1994）
32) 菅野　昭：応力ひずみ解析，朝倉書店（1980）
33) 谷越欣司：図解でわかるセンサーのはなし，日本実業出版社（1995）
34) 雨宮好文：図解センサ入門，オーム社（1983）
35) 増田良介：はじめてのセンサ技術，工業調査会（1998）
36) 二木久夫，村上孝一：温度センサ，日刊工業新聞社（1980）
37) 日本レギュレータ・センサー研究会：いますぐ使えるセンサの働きと最適利用，技術評論社（1981）
38) 森村正直，山崎弘郎 編：センサ工学，朝倉書店（1982）
39) 西巻正郎：改版 電気音響振動学，コロナ社（1978）
40) 古井定熙：音響・音声工学，近代科学社（1992）
41) 小宮勤一：計測システムの基礎，コロナ社（1990）
42) 流れの可視化学会 編：（新版）流れの可視化ハンドブック，朝倉書店（1995）
43) 日本機械学会 編：熱流体の新しい計測法，養賢堂（1998）
44) 笠木伸英，木村龍治，西岡通男，日野幹雄，保原　充 編：流体実験ハンドブック，朝倉書店（1997）
45) 松代正三：流体，コロナ社（1969）
46) M. Born and E. Wolf : Principles of Optics, Pergamon Press（1970）
47) 吉原邦夫：物理光学，共立出版（1966）
48) 矢田貝豊彦：応用光学光計測入門，丸善（1988）
49) （社）計量管理協会光応用計測技術調査研究委員会 編：光計測のニーズとシーズ，コロナ社（1987）
50) 内田洋之，前田良昭，山本　明：ディジタル画像処理を用いた切削工具刃先形状の測定，精密工学会誌，**54**，6，pp. 1126-1131（1988）
51) 高崎　宏：モアレトポグラフィ，計測と制御，**12**，5，pp. 396-399（1973）
52) 笠木伸英：温度場の可視化―感温液晶の応用―，日本機械学会誌，**87**，783，pp. 145-151（1984）
53) 秋野詔夫：温度と伝熱現象の可視化，流れの可視化，**7**，27，pp. 42-48（1987）

54)　木村一郎，小澤　守，真鍋義人 ほか：感温液晶を用いた温度場と速度場の同時計測，計測自動制御学会論文集，**27**，8，pp. 870-877（1991）

55)　小澤　守，篠木政利，木村一郎，梅川尚嗣：自然対流場の 3 次元画像温度計測，可視化情報学会誌，**17**，64，pp. 41-45（1997）

56)　I. Kimura, T. Hyodo and M. Ozawa : Temperature and Velocity Measurement of a 3-D Thermal Flow Field Using Thermo-Sensitive Liquid Crystals, Journal of Visualization, **1**, 2, pp. 142-152（1998）

57)　木村一郎，河野吉晴，高森　年：時空間相関に基づく流れ場の 3 次元速度ベクトル計測，計測自動制御学会論文集，**27**，5，pp. 497-502（1991）

58)　K. Creath : Phase-shifting speckle interferometry, Applied Optics, **24**, 18, pp. 3053-3058（1985）

59)　Y. Oshida, Y. Iwahashi and K. Iwata : High Accuracy Phase Measurement in Phase-shifting Speckle Interferometry, Optical Review, **4**, 5, pp. 588-592（1997）

演習問題解答

3 章

【1】 式(3.3)より，試料平均値　$M=11.95$

式(3.9)より，試料標準偏差　$s=0.40$

【2】 $f=500.1\,\mathrm{Hz}$，$\lambda=681\,\mathrm{mm}=0.681\,\mathrm{m}$ より，$v=f\lambda=341\,\mathrm{m/s}$

$t=20.5$℃より，$v=331.5+0.60\times20.5=343.8\,\mathrm{m/s}$

【3】 移動平均法を用いて

$$\frac{\lambda}{2}=\frac{1}{4}\left\{\frac{1}{5}\sum_{i=1}^{4}(p_{i+5}-p_i)\right\}=210.3\,\mathrm{mm}$$

$$v=800.3\times0.210\,3\times2=336.6\,\mathrm{m/s}$$

【4】 $T=2\pi\sqrt{l/g}$ より

$$g=\frac{4\pi^2 l}{T^2}$$

式(3.24)より

$$\frac{\Delta g_{\max}}{g}=2\frac{\Delta T}{T}+\frac{\Delta l}{l}$$

いま $l=1\,\mathrm{m}$ とすれば

$$\frac{\Delta l}{l}=0.000\,1=0.01\,\%$$

T と l に起因する誤差率を同程度とするには，$2(\Delta T/T)=0.000\,1$，すなわち，$\Delta T/T=0.000\,05=0.005\,\%$ とすればよい。

このとき

$$\frac{\Delta g_{\max}}{g}=0.02\,\%$$

【5】 $J=M(L^2/12)+M(D^2/16)=J_1/12+J_2/16$ と表せば，式(3.22)より

$$\Delta J_{\max}=\frac{\Delta J_{1\max}}{12}+\frac{\Delta J_{2\max}}{16}$$

また，式(3.24)より

$$\frac{\Delta J_{1\max}}{J_1}=\frac{\Delta M_{\max}}{M}+2\frac{\Delta L_{\max}}{L}$$

$$\frac{\varDelta J_{2\max}}{J_2}=\frac{\varDelta M_{\max}}{M}+2\frac{\varDelta D_{\max}}{D}$$

したがって

$$\varDelta J_{\max}=\frac{J_1\left(\dfrac{\varDelta M_{\max}}{M}+2\dfrac{\varDelta L_{\max}}{L}\right)}{12}+\frac{J_2\left(\dfrac{\varDelta M_{\max}}{M}+2\dfrac{\varDelta D_{\max}}{D}\right)}{16}$$

$L=100$ mm，$D=10$ mm，$M=300$ g，$\varDelta L_{\max}=0.001$ mm，$J_1=3\,000\,000$ g･mm^2，$J_2=30\,000$ g･mm^2 を用いて

$$\varDelta J_{\max}=250\,000\left(\frac{\varDelta M_{\max}}{300}+0.000\,02\right)+1\,875\left(\frac{\varDelta M_{\max}}{300}+2\frac{\varDelta D_{\max}}{10}\right)$$
$$=839.6\varDelta M_{\max}+375\varDelta D_{\max}+5$$

であるから，各誤差成分が均等になるよう計画すれば

$$\varDelta M_{\max}=5/839.6=0.006\text{ g},\quad \varDelta D_{\max}=5/375=0.013\text{ mm}$$

またこのとき

$$\varDelta J_{\max}=15\text{ g･mm}^2$$

【6】 式(3.24)より

$$\frac{\varDelta E}{E}=3\frac{\varDelta L}{L}+\frac{\varDelta W}{W}+\frac{\varDelta a}{a}+3\frac{\varDelta b}{b}+\frac{\varDelta s}{s}$$

ただし，簡単のため max の表記を省略する。

$\varDelta E/E=1$％とするため，各項に均等に 0.2％を分配すれば

$$\varDelta L=2.66\times10^{-1}\text{ mm},\quad \varDelta W=1.60\text{ g},\quad \varDelta a=4.00\times10^{-2}\text{ mm},$$
$$\varDelta b=3.33\times10^{-3}\text{ mm},\quad \varDelta s=1.20\times10^{-3}\text{ mm}$$

【7】 式(3.28)で，$M_i=y_i$，$z_1=\beta$，$z_2=\alpha$，$a_{1i}=x_i$，$a_{2i}=1$ とすると

$$\beta=\frac{[a_2a_2]C_1-[a_1a_2]C_2}{[a_1a_1][a_2a_2]-[a_1a_2][a_2a_1]}$$

$$\alpha=\frac{[a_1a_1]C_2-[a_2a_1]C_1}{[a_1a_1][a_2a_2]-[a_1a_2][a_2a_1]}$$

ここで，$C_1=\sum x_iy_i=18\,986\times10^2$，$C_2=\sum y_i=3\,689$，$[a_1a_1]=\sum x_i{}^2=304\times10^4$，$[a_2a_2]=\sum1=9$，$[a_1a_2]=[a_2a_1]=\sum x_i=46\times10^2$ である。

したがって，$\alpha=400$，$\beta=0.019\,0$ を得る。

【8】 1) 解答【7】と同様に，$a=1.44$，$b=-1.13\times10^{-1}$

2) $a=\sum x_iy_i/\sum x_i{}^2=1.42$

4章

【1】 例えば，本文図 5.1 に示すダイアルゲージでは

長さの変化（測定量・入力）⟶ スピンドル ── スピンドルの変位⟶

ラック・ピニオン ── ピニオンの角変位 ⟶ 歯車列 ── 指針歯車の角変位 ⟶ 指針 ⟶ 指針のふれ（指示量・出力）

となる。

【2】 16ビットのA-D変換器を用いて，サンプリング周波数40 kHz以上でA-D変換する。

【3】 例えば

南　茂夫：科学計測のための波形データ処理，CQ出版社（1994）

小池慎一：Cによる科学技術計算，CQ出版社（1995）

などを参照。

【4】 解答【3】を参照。

5章

【1】 本文参照。

【2】 負荷抵抗 R_l は並列に入るので，出力電圧 V はつぎのようになる。

$$V=\frac{E}{\dfrac{360}{\theta}+\dfrac{R}{R_l}\left(1-\dfrac{\theta}{360}\right)}$$

したがって，出力電圧は負荷抵抗の影響を受ける。これが負荷効果であるが，$R_l \gg R$ であれば，上式は式(*5.18*)に一致する。

【3】 本文参照。

【4】 差圧式流量計は絞り部前後の差圧から流量を求める。この場合，絞り部の断面積は一定である。これに対し，面積式流量計ではテーパ管とフロートの隙間の断面積が変化し，その断面積から流量が求められる。

【5】 *5.5.3* 項の基本原理 *1* の時間相関で一次元速度情報，さらに基本原理 *2* の空間相関（画像相関）で二次元速度情報を計測できる。両手法を組み合わせたのが *6.2* 節の時空間相関法であり，三次元速度ベクトル分布の計測が可能となる。

索　　　　　引

【あ】

圧縮係数　144
圧電気率　135
圧電効果　135
圧電素子　136
アッベの原理　108
アナログ信号　58
アナログ量　58
アボガドロ数　19
アボガドロ定数　19
アンダサンプリング　74
アンペア　17

【い】

位相アンラッピング　191
位相回転因子　92
移相回路　70
位相検波回路　69
位相シフト誤差　195
位相シフトスペックルシアリング干渉法　189
位相シフト法　189
位相ずれ　103
位相変調　57
一次回折光　190
移動平均法　43,49,87
イメージメモリ　170
色三角形　181
色知覚の3属性　181
色の三属性　182
色分解　181
インタフェースユニット　59
インパルス応答　102

【う】

ウィーナー・ヒンチンの関係　85
渦電流　131
渦電流形センサ　134
薄肉レンズ　149

【え】

エリアシング誤差　75
エルゴード的　84
演算増幅器　60
遠心調速機　10
円筒旋削実験　176

【お】

オシロスコープ　97
オーバサンプリング　73
オプティメータ　150
オームの法則　23
重み関数　87
オリフィス　143
温度誤差　31
温度センサ　6
温度場　178

【か】

外界センサ　7
回帰直線　183
回折格子　189,195
階調分解能　176
開ループ形　25
ガウスの誤差伝播の法則　44
ガウス分布　36
角周波数　85
確　度　38
確　率　34,46
確率変数　34
確率密度　34
確率密度関数　34
加工精度　166
可視化画像　178,181,184
過失誤差　31,33
荷重計　123
画像処理　167
画像相関　186
画像相関法　163,183
加速度ピックアップ　114
画素分解能　176,183
偏　り　31
カットオフ周波数　64
可動コイル形計器　95
過渡応答法　102
カラー画像処理　181
カラー画像処理技術　179
カルマン渦　147
カルマン渦流量計　147
感温液晶法　178
感温液晶粒子　179
感温液晶粒子懸濁法　179
干渉計　152,189
干渉縞　152,192
慣性モーメント　52
間接測定　23,43
観　測　3,4
観測式　49
観測値　48
カンデラ　20
感　度　100

【き】

擬科学　1
帰還操作　6
機器誤差　31,37
器　差　38
規準化相互相関関数　187
規準正規曲線　36
規準正規分布　36
気柱共鳴装置　52
輝度値　176
基本単位　12
逆相アンプ　60
逆相入力　60
境界摩耗溝　178
ギリシャ科学　1
切れ刃プロフィール　173
記録計　96
キログラム　16
金属温度計　113

【く】

空間相関　186
空気マイクロメータ　145
偶然誤差　31,32,34,43
屈　折　148
屈折率　148
組立単位　12
クレータ摩耗　166
クレータ摩耗マップ　171,172
クロマ　181

【け】

計数形検波器　68
計数器　98
計　測　2
計測工学　2
計測システム系　54
計測制御　4
系統的誤差　31,33
計　量　3
ゲージ圧　139
ケルビン　18
原　器　13
原子周波数標準　16
検出部　55
減衰傾度　64
減衰比　114
顕微鏡　151

【こ】

高域フィルタ　65
工学単位系　27
工具顕微鏡　170
工具刃先　166
格子間隔　195
光　軸　149
校　正　100
校正曲線　100
較正検査　33
校正検査　33
合切削方向　168
高速フーリエ変換アルゴリズム　93
光　度　20
光波の干渉　151
互換性　2,12
国際温度目盛　19
国際キログラム原器　16
国際ケルビン温度　19
国際セルシウス温度　19
国際単位系　12
国際標準化機構　12
黒体放射　19
誤　差　30,40
誤差関数　34
誤差曲線　34
誤差等分の原理　45
誤差の限界　45
誤差の最大限度　39
誤差の3公理　34,41
誤差の伝播　43
誤差率　31,45
個人誤差　32
古代科学　1
コーナ部　167
コヒーレント　22
固有円振動数　114
コレステリック液晶　179
コンデンサマイクロホン　129

【さ】

差圧式流量計　143
最下位ビット　79
最確推定値　31,41
最確値　47,52
最上位ビット　79
最小二乗法　47,53
サイズモ系　113
彩　度　181
差動アンプ　60
差動変圧器　132
サーミスタ　126
サーモスタット　112
産業革命　2
残　差　33,41
三次元速度ベクトル分布　187
算術平均値　40
サンプリング　71
サンプリング回路　72
サンプリング定理　72
サンプル値　71

【し】

シアリング干渉計　189
時　間　16
視感度　20
時間平均　82
しきい値　68,173,183
色　相　181
磁気テープ記録器　98
色度座標　181
時空間相関法　186
次　元　21
——の指数　22

次元式　21
時　刻　16
——の標準　16
自己相関関数　85
指示計　96
二乗演算処理　68
指示量　100
指　針　25
指針形測定器　25
システム出力　6
システム的技術　9
自然標準　14
実効刃先丸み　177
実証主義的自然科学観　2
質　量　25, 27
——の単位　16
自動制御システム　6
時不変系　102
絞　り　143
縞走査法　154
ジャイロスコープ　117
遮断周波数　64
尺貫法　27
集合平均　83
周波数応答　103
周波数応答法　102
周波数伝達関数　104
周波数特性　103
周波数変調　57
周波数領域法　87
周方向補間　185
重　量　27
蒸気機関　10
乗算回路　67
焦点距離　149
情報源　55
除算回路　68
ショット雑音　82
自律化　8
試　料　33
試料標準偏差　36, 52
試料平均　33
試料平均値　52
信号処理部　56
信号伝送　56
真の値　30, 32, 40, 46
振幅変調　57

【す】

垂直応力　111
垂直ひずみ　111
すくい面画像　168
すくい面　167
すくい面等高図　176
ステップ応答　102
ストローハル数　147
スネルの法則　148, 149
スプライン　172
スペックル　189, 191
スメクティック液晶　179

【せ】

正確さ　37
正確度　37
正規分布　35
正規分布表　36
正規方程式　48, 49
制御装置　56
制御量　6
生産性　2
正相入力　60
静電変換方式　129
静電容量　127
静電容量形センサ　128
精　度　2, 37
静特性　99
精密さ　37
精密度　37
積算被爆量監視用フィルムバッヂ　6
積算平均化処理　87
積分処理　63
切削加工　166
切削状態　166
絶対圧力　139
絶対誤差　30
絶対測定　24
ゼーベック効果　137
ゼロクロッシングディテクタ　68
線形システム　102
線形処理　59
センサ　55
せん断応力　111
せん断ひずみ　111
線膨張誤差　32

【そ】

相関係数　183
相関法　162, 183
総合誤差　38
総合精度　38
総合的技術　9
相互相関関数　85, 161, 183
相互相関係数　161
相互誘導　130
走査光切断法　167
相対誤差　31
相対頻度　34
増　幅　60
測光量　20
測　定　3
測定誤差　31
測定対象　30
測定値　30, 46
測定範囲　101
測定量　43, 99
速度場　178
速度ベクトル分布　183
測　量　3, 4
ソナー　159

【た】

帯域消去フィルタ　66
帯域フィルタ　65
帯域幅　59
ダイナミックレンジ　59, 194

タイムコード　17
ダイヤフラム式圧力計　111
ダイヤルゲージ　109
卓上計算機　51
タコジェネレータ　131
畳込み　70
畳込み演算　87
ダミーゲージ　122
たわみ勾配　189, 191, 193
単　位　11
単位系　12
短波 JJY 形式　17

【ち】

チェビシェフフィルタ　65
知能化　8
チャペック　7
超音波　158
超音波受信器　136
超音波探傷機　160
超音波流量計　158
長波 JJY 形式　17
直接測定　23
直線性　100
直線補間　172
直送法　57

【て】

低域フィルタ　64
定温度法　125
定義定点　19
抵抗変化変換方式　125
抵抗率　119
ディジタル画像　167
ディジタル画像処理　178
ディジタル信号　58
定常的　83
呈色温度域　179
定電流法　125
データレコーダ　98
電圧ホロワ　61
天才の時代　2
電磁オシログラフ　96
電子式スペックル干渉法　189
電磁流量計　133
電　卓　51
伝達関数　115
天　秤　25

【と】

同期整流　133
統計的データ処理法　34
同相アンプ　60
同相入力弁別比　62
動電変換方式　135
動特性　102
ドップラー効果　157
ドップラー速度計　157
トランジェントレコーダ　98
トランスデューサ　55
ドリフト　31
トレーサ粒子追跡法　183

【な】

内界センサ　7
ナイキストの折返し周波数　73
長さの標準　15

【に】

二乗平均平方根値　36
ニューラルネットワーク　185

【ね】

熱雑音　82
熱線流速計　124
熱電対　137, 181
熱膜流速計　124
熱力学温度　19
熱流体場　179
ネマティック液晶　179
粘性減衰係数　114

【の】

濃　度　181
ノズル　144

【は】

ハイパスフィルタ　65
バイメタル　112
バイモルフ構造　136
白色雑音　86
パソコンツール　53
パーソナルコンピュータ　51, 170, 192
バタフライ演算　94
バターワースフィルタ　64
パターンマッチング　161
ばね秤　25
ばらつき　32
パワースペクトル密度　85
反　射　148
搬送波　57
汎地球測位システム　5
反転アンプ　60
反転入力　60
バンドエリミネートフィルタ　66
バンドパスフィルタ　65
万能投影機　151

【ひ】

ピエゾ電気効果　135
非エルゴード的　84
比較測定　24
光てこ　149
光標準　15
光ヘテロダイン干渉　151
光ヘテロダイン法　154
ヒステリシス差　101
ひずみ　189
ひずみゲージ　120, 189
非線形処理　59
ピッチ　117
非定常的　84

ピトー管　142
ピトー管係数　143
非反転アンプ　60
非反転入力　60
微分回路　63
微分処理　63
ヒューマノイド型自律ロボット　7
秒　16
表計算ソフト　51
表示部　24,56
標　準　11,13
標準器　13
標準尺　24
標準単位　36
標準電波報時システム　16
標準偏差　36,43,45,46,84,183
標本化　71
標本化誤差　72
品質保証　2

【ふ】

ファラデーの電磁誘導の法則　130
フィードバック制御　25
フィードバック操作　6
フィルタ　63
複合映像信号　170
副　尺　151
フックの法則　111
物質量　20
ブートストラップ　61
ブラウン管　97,98
フランク摩耗　166,168
フランク摩耗幅　169
フランク摩耗マップ　173
フーリエ逆変換　92
フーリエ変換　85,91
ブルドン管式圧力計　111
フレキシブル加工システム　167
フレミングの左手の法則　131
フレミングの右手の法則　130
プロセス　4
分解能　101
分　散　84

【へ】

平滑化処理　87
平均値　45
閉ループ形　25
ベッセルフィルタ　64
ベルヌーイの定理　141
ベローズ式圧力計　111
変位センサ　128
変位ピックアップ　116
偏位法　24
ペン書きオシログラフ　96
変　換　55
偏　差　33,41
ベンチュリ管　144

【ほ】

ポアソン比　119
ホイートストンブリッジ　122
ホイートストンブリッジ回路　23,25
望遠鏡　151
放射の強さ　20
報時用標準周波数局　17
母集団　33
ボーデ線図　104
ポテンショメータ　120
母平均　33
ホールド回路　72

【ま】

マイクロコンピュータ　51
マイクロホン　125,135
マイクロメータ　110
マイケルソン干渉計　152
マイコン　51
前逃げ面　167
マノメータ　140
摩耗特性値　166
摩耗プロフィール　174
マンセル表色系　181

【み】

ミラー積分回路　62

【む】

無次元量　22

【め】

明　度　181
メートル　15
メートル原器　15
メートル法　27
目　盛　25
面積式流量計　144

【も】

モアレ効果　192
モアレ縞　155
モアレトポグラフィ　156,167
モアレ法　156
目　量　109
モ　ル　19

【や】

ヤードポンド法　27
ヤング率　52,111,124

【ゆ】

有効けた　39
有効数字　39,52
誘電率　128
遊動おもり　10

【よ】

ヨー　117
要素粒子　20
横切れ刃角　169
横弾性係数　111,124

横逃げ角　169
横逃げ面　167
横倍率　150
4ステップ位相シフト法　190

【ら】

ラプラシアン処理　173

【り】

リサジュー図形　98
離散フーリエ変換対　92
粒子画像流速計測法　163
流量係数　144
量子化　75
量子化誤差　76, 194
量子化雑音　76
理論誤差　31

【る】

累積切削時間　176

【れ】

零位法　24
レイノルズ　142
レイノルズ数　141, 142
レイリー数　184
レーザドップラー流速計　105
レートジャイロ　117
レート積分ジャイロ　119
レベルコンパレータ　68
連続の式　140
レンツの法則　130

【ろ】

ロータメータ　144
ロックインアンプ　69
ロードセル　123
ローパスフィルタ　64
ロール　117

A-D変換器　59
AM変調　57
BEF　66
BPF　65
B-スプライン関数　185
Carreの方法　196
CCDカメラ　192
CMRR　62
CPU　51
CTR　127
D-A変換器　59
DFT対　92
DSP　58
FFT　51
FFTアルゴリズム　93
FM変調　57
GPS　5
HPF　65
ISO　12
ITS　19
J.ワット　10
LDV　105
LPF　64
LSB　79
LVDT　132
MSB　79
NTC　126
OPアンプ　60
PIV　163
PM変調　57
PSD　69
PTC　127
PZT　195
R-2Rラダー形　81
RMS値　36
SI　12
SI単位系　27
U字管マノメータ　140
Wilkinsonの中ぐり盤　10

―― 著者略歴 ――

前田　良昭（まえだ　よしあき）
1966年　神戸大学工学部計測工学科卒業
1968年　神戸大学大学院修士課程修了
（計測工学専攻）
1978年　工学博士（大阪大学）
1987年　明石工業高等専門学校助教授
1990年　明石工業高等専門学校教授
2006年　明石工業高等専門学校名誉教授
2019年　逝去

押田　至啓（おしだ　よしひろ）
1975年　大阪府立大学工学部機械工学科卒業
1981年　大阪府立大学大学院博士課程修了
（機械工学専攻），工学博士
1987年　奈良工業高等専門学校助教授
2000年　奈良工業高等専門学校教授
2016年　奈良工業高等専門学校名誉教授

木村　一郎（きむら　いちろう）
1968年　神戸大学工学部計測工学科卒業
1968年　光洋精工株式会社勤務
～69年
1972年　神戸大学大学院修士課程修了
（計測工学専攻）
1983年　工学博士（大阪大学）
1984年　神戸大学助教授
1993年　大阪電気通信大学教授
2014年　大阪電気通信大学名誉教授

計測工学（改訂版）― 新SI対応 ―
Instrumentation Engineering (Revised Edition)

2001年3月16日　初版第1刷発行
2020年9月25日　初版第21刷発行（改訂版）
2023年4月10日　初版第23刷発行（改訂版）

検印省略

著　者　前田良昭
　　　　木村一郎
　　　　押田至啓
発行者　株式会社　コロナ社
　　　　代表者　牛来真也
印刷所　新日本印刷株式会社
製本所　有限会社　愛千製本所

112-0011　東京都文京区千石 4-46-10
発行所　株式会社　**コロナ社**
CORONA PUBLISHING CO., LTD.
Tokyo Japan
振替00140-8-14844・電話(03)3941-3131(代)
ホームページ　https://www.coronasha.co.jp

ISBN 978-4-339-04485-0　C3353　Printed in Japan　（金）

機械系教科書シリーズ

（各巻A5判，欠番は品切です）

■編集委員長　木本恭司
■幹　　　事　平井三友
■編 集 委 員　青木　繁・阪部俊也・丸茂榮佑

配本順	書名	著者	頁	本体
1.（12回）	機械工学概論	木本恭司 編著	236	2800円
2.（1回）	機械系の電気工学	深野あづさ 著	188	2400円
3.（20回）	機械工作法（増補）	平井三友・和田任弘・塚本晃久 共著	208	2500円
4.（3回）	機械設計法	三田純義・朝比奈奎一・黒田孝春・山口健二 共著	264	3400円
5.（4回）	システム工学	古川正志・荒井　誠・吉村　斎・浜　克己 共著	216	2700円
6.（5回）	材料学	久保井徳洋・樫原恵藏 共著	218	2600円
7.（6回）	問題解決のための Cプログラミング	佐藤次男・中村理一郎 共著	218	2600円
8.（32回）	計測工学（改訂版）―新SI対応―	前田良昭・木村一郎・押田至啓 共著	220	2700円
9.（8回）	機械系の工業英語	牧野州秀・生水雅之 共著	210	2500円
10.（10回）	機械系の電子回路	髙橋晴雄・阪部俊也 共著	184	2300円
11.（9回）	工業熱力学	丸茂榮佑・木本恭司 共著	254	3000円
12.（11回）	数値計算法	藪　忠司・伊藤　惇 共著	170	2200円
13.（13回）	熱エネルギー・環境保全の工学	井田民男・木本恭司・山崎友紀 共著	240	2900円
15.（15回）	流体の力学	坂田光雄・坂本雅彦 共著	208	2500円
16.（16回）	精密加工学	田口紘一・明石剛二 共著	200	2400円
17.（30回）	工業力学（改訂版）	吉村靖夫・米内山誠 共著	240	2800円
18.（31回）	機械力学（増補）	青木　繁 著	204	2400円
19.（29回）	材料力学（改訂版）	中島正貴 著	216	2700円
20.（21回）	熱機関工学	越智敏明・老固潔一・吉本隆光 共著	206	2600円
21.（22回）	自動制御	阪部俊也・飯田賢一 共著	176	2300円
22.（23回）	ロボット工学	早川恭弘・櫟　弘明・矢野順彦 共著	208	2600円
23.（24回）	機構学	重松洋一・大髙敏男 共著	202	2600円
24.（25回）	流体機械工学	小池　勝 著	172	2300円
25.（26回）	伝熱工学	丸茂榮佑・矢尾匡永・牧野州秀 共著	232	3000円
26.（27回）	材料強度学	境田彰芳 編著	200	2600円
27.（28回）	生産工学 ―ものづくりマネジメント工学―	本位田光重・皆川健多郎 共著	176	2300円
28.（33回）	CAD／CAM	望月達也 著	224	2900円

定価は本体価格+税です。
定価は変更されることがありますのでご了承下さい。

図書目録進呈◆